计算机信息技术基础上机指导

(Windows 7+Office 2010)

主　编　韩文江　吕文官
副主编　赵洪星　李　洋
　　　　庞立滨　张丽殊

上海交通大学出版社
SHANGHAI JIAO TONG UNIVERSITY PRESS

内容提要

本书共2篇,第1篇为实训操作,介绍了计算机基础知识、Windows 7 操作系统、文字处理软件 Word 2010、电子表格软件 Excel 2010、演示幻灯片 PowerPoint 2010、计算机网络基础知识等;第2篇为习题训练,针对第1篇介绍的知识点,配备了6套习题。书末配有2套2016年 MS Office 真考试题。

本书适应计算机教学与培训,也适合读者学习参考。

图书在版编目(CIP)数据

计算机信息技术基础上机指导:Windows 7+Office 2010/
韩文江,吕文官主编.--上海:上海交通大学出版社,2017
ISBN 978-7-313-17437-6

Ⅰ.①计… Ⅱ.①韩… ②吕… Ⅲ.①Windows 操作系统—
高等学校—教学参考资料 ②办公自动化—应用软件—
高等学校—教学参考资料 Ⅳ.①TP316.7 ②TP317.1

中国版本图书馆 CIP 数据核字(2017)第 155707 号

计算机信息技术基础上机指导:Windows 7+Office 2010

主　　编:韩文江　吕文官	
出版发行:上海交通大学出版社	地　　址:上海市番禺路951号
邮政编码:200030	电　　话:021-64071208
出 版 人:郑益慧	
印　　制:安徽新华印刷股份有限公司	经　　销:全国新华书店
开　　本:787mm×1092mm　1/16	印　　张:12
字　　数:230千字	
版　　次:2017年7月第1版	印　　次:2017年7月第1次印刷
书　　号:ISBN 978-7-313-17437-6	
定　　价:28.00元	

版权所有　侵权必究
告读者:如发现本书有印装质量问题请与印刷厂质量科联系
联系电话:0551-65559982

前　言

现今,计算机文化正在全面深刻地影响和改变着人们的生产、生活、工作和学习等方面,而计算机文化与传统文化的交融也为世界展现出了五光十色的美好景色。

现代信息技术已渗透于各个学科和专业领域,并带来了各行各业信息化创新与发展,因此高校计算机基础教育须适应社会的发展与需求。计算机基础课程作为学习和掌握计算机专业知识和应用能力的先修课程,其内容较稳定、规范和系统,并全面、深入地介绍了计算机科学与技术的基本概念、基本原理、技术和方法,能更好地培养学生的知识技能。

为适应社会的客观需求,进一步深化计算机教学与培训,根据全国计算机等级考试大纲的基本内容,特组织相关教师编写了《计算机信息技术基础上机指导》一书。

本书在编写的过程中,参阅了有关学者的著作、教材和资料,吸收了许多新的研究成果与观点,并听取了有关专家的意见,在此由衷地表示感谢。

由于时间仓促,书中存在的疏漏之处,希望广大高校教师、学生和读者提出宝贵的意见。

目　录

上篇　实训操作

实训 1.1　计算机基础知识 ………………………………………………… 3
实训 1.2　Windows 7 操作系统 …………………………………………… 8
实训 1.3　文字处理软件 Word 2010 ……………………………………… 17
实训 1.4　电子表格软件 Excel 2010 ……………………………………… 34
实训 1.5　演示幻灯片 PowerPoint 2010 …………………………………… 45
实训 1.6　计算机网络基础知识 …………………………………………… 54
实训 1.7　Excel 数据技巧实训 …………………………………………… 56

下篇　习题训练

习题 2.1　计算机基础知识 ………………………………………………… 61
习题 2.2　Windows 7 操作系统 …………………………………………… 75
习题 2.3　文字处理软件 Word 2010 ……………………………………… 92
习题 2.4　电子表格软件 Excel 2010 ……………………………………… 108
习题 2.5　演示幻灯片 PowerPoint 2010 …………………………………… 123
习题 2.6　计算机网络基础知识 …………………………………………… 139
2016 年一级 MS Office 真考试题（1） …………………………………… 153
2016 年一级 MS Office 真考试题（2） …………………………………… 159

参考答案 ……………………………………………………………………… 165
参考文献 ……………………………………………………………………… 186

上 篇
实训操作

实训 1.1 计算机基础知识

1.1.1 实训目的

(1) 掌握正确的开机与关机方法。
(2) 能正确使用键盘和鼠标。
(3) 掌握中英文输入方法。
(4) 了解计算机硬件。

1.1.2 实训学时

2 学时。

1.1.3 实训内容及要求

1.1.3.1 参观机房

(1) 了解机房的管理制度。
(2) 在指导教师的带领下,进入机房,观察机房的设备种类、布局。
(3) 了解机房中计算机的硬件设备。

1.1.3.2 正确开机和关机

1. 开机

开机的时候应该首先打开外部设备,再打开主机。例如,一台计算机有主机、显示器、音箱,在开机的时候,应首先打开音箱和显示器电源开关,之后再打开主机电源开关。

注意:

(1) 开机过程中如果出现一些简单问题,在教师指导下解决。例如,系统提示"Not a System Disk",出现这种情况的原因可能是因为设置了 U 盘或光盘优先引导但没有提供相应的引导系统而造成的。

(2) 理解冷启动、热启动和复位启动。计算机的启动方式分为冷启动和热启动。冷启动是通过加电来启动计算机；热启动是指在计算机运行中，重新启动计算机的过程。

①冷启动。当计算机未加电时，一般采用冷启动的方式开机。冷启动的步骤是：检查显示器电源指示灯是否已亮，若电源指示灯不亮，则按下显示器电源开关，给显示器通电；若电源指示灯已亮，则表示显示器已经通电。按下主机电源开关，给主机加电。为什么在冷启动过程要先开外设电源开关，再开主机呢？开机过程即是给计算机加电的过程，在一般情况下，计算机硬件设备中需加电的设备有显示器和主机。由于电器设备在通电的瞬间会产生电磁干扰，这对相邻的正在运行的电器设备会产生副作用，所以对开机过程的要求是：先开显示器，再开主机。

②热启动。热启动是指在计算机已经开机，并进入 Windows 操作系统后，由于增加新的硬件设备和软件程序或修改系统参数，系统会需要重新启动。热启动的步骤是：单击桌面上的"开始"按钮，再单击"关机"按钮右侧的箭头，在弹出的菜单中执行"重新启动"命令。

③复位启动。在计算机工作过程中，由于用户操作不当、软件故障或病毒感染等多种原因造成计算机"死机"时，可以用复位启动方式来重新启动计算机，即单击机箱面板上的"复位"按钮（也就是"Reset"按钮）。如果系统复位还不能启动计算机，再用冷启动的方式启动。

2. 关机

关机过程即是给计算机断电的过程，这一过程与开机过程正好相反。正确的顺序是：应先关主机，再关外部设备。在 Windows7 操作系统中关机时，应先关闭所有的应用程序，之后单击桌面上的"开始"按钮，再单击"关机"按钮，最后关闭外部设备，完成关机操作。如果系统不能自动关闭时，可选择强行关机。其方法是按下主机电源开关不放手，持续 5 秒，即可强行关闭主机，最后关闭显示器电源。

注意：

（1）不能频繁地开、关机，因为这样对各配件的冲击很大，尤其是对硬盘的损伤更严重。一般关机后距下一次开机时间至少应为 10 秒。

（2）当计算机工作时，应避免进行关机操作。例如，计算机正在读写数据时突然关机，很可能会损坏驱动器（硬盘、软驱等）；更不能在机器正常工作时搬动机器。

1.1.3.3 键盘和鼠标的使用

1. 认识键盘

键盘是向计算机提供指令和信息的必备工具之一，是计算机系统的重要输入设备，用一条电缆线连接到主机机箱。常用键盘有 101 键和 104 键两种。

键盘按键可分为四个区：主键盘区、数字键盘（也称小键盘）区、光标控制键区、功能键区，如图 1-1 所示。

（1）主键盘区包括字符键（如字母键、数字键、特殊符号键）及一些用于控制方面

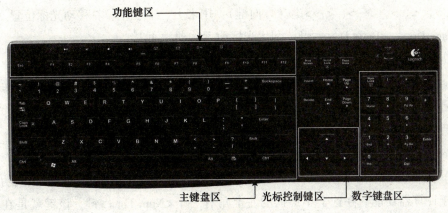

图 1-1 键盘按键分区

的键。

字符键：每按一次字符键，就在屏幕上显示一个对应的字符。如果按住一个字符键不放，屏幕上将连续显示该字符。

<Space>键（空格键）：位于主键盘下方的最长键，用于输入一个空格字符，且将光标右移一个字符的位置。<Space>键也属于字符键。

<Enter>键（回车键）：当用户输入完一条命令时，必须按<Enter>键，表示该条命令输入结束，计算机方可接受所输入的命令。在有些编辑软件中，该键也表示为换行。

<Backspace>键（退格键）：位于主键盘的右上角，有些键盘中该键标有"←"符号。用于删除光标左边的字符，且光标左移一个字符的位置。

<Caps Lock>键（大小写锁定键）：用于将字母键锁定在大写或小写状态。键盘右上角的 Caps Lock 显示灯标明了该键的状态。若灯亮，表示直接按字母键输入的是大写字母；若灯灭，表示直接按字母键输入的是小写字母。

<Shift）键（上档键）：该键通常与其他键配合使用。主键盘有些键上标有两个字符，当直接按这类键时，输入的是该键所标示的下面的字符；如果需要输入这类键所标示的上面的字符，则只要按住<Shift>键的同时按该键即可。另外，<Shift>键还可以用于临时转换字母的大小写输入，即键盘锁定在大写输入方式时，如果按住<Shift>键的同时按字母键即可输入小写字母；反之，键盘锁定在小写输入方式时，如果按住<Shift>键的同时按字母键即可输入大写字母。

<Ctrl>键（控制键）：该键通常与其他键配合使用才具有特定的功能，且在不同的系统中功能不同。

<Alt>键（转换键）：该键通常与其他键配合使用才具有特定的功能，且在不同的系统中功能不同。

（2）光标控制键区在该区一共有 10 个键，这里只介绍它们的常用功能，在不同的系统中它们可能有其他作用。

<↑>、<↓>、<←>、<→>键（方向键）：用来上、下、左、右移动光标位置。

<Page Up>、<Page Down>键：利用光标前后移动"页"。

<Home>、<End>键：用于将光标移动到一行的行首或行尾。

<Insert（Ins）>键（插入键）：该键实际上是一个"插入"和"改写"的开关键。当开关设置为"插入"状态时，输入的字符都插入在当前光标处；如果开关设置为"改写"状态，且当前光标处有字符，则此时输入的字符将会当前光标处的字符覆盖。

<Delete（Del）>键（删除键）：用来删除当前光标后的字符。

（3）数字键盘区的多数键有双重功能：一是与光标控制键区的十个键有相同功能，二是相当于计算器功能。在这个小键盘的左上角有一个<Num Lock>键，该键就是在这两个功能之间做切换，当小键盘上面的 Num Lock 灯亮时，小键盘的数字键起作用；如果 Num-Lock 灯灭时，则小键盘的光标控制键有效。

（4）功能键区在不同的系统中，12 个功能键<F1>~<F12>的作用是不相同的，但它们的主要作用是为了提高计算机的输入速度。

（5）其他键。

<Esc>键（退出键）：在很多系统中该键都有强行中断、结束当前状态或操作的作用，但在有些系统中也有其他作用。

<Print Screen>键：用于将屏幕上的信息输出到打印机或剪贴板。

<Pause/Break>键（暂停/中断键）：单按该键，则执行暂停命令或程序，按其他键后可以继续；如果按<Ctrl>键的同时按该键，就是终止系统的运行，将不再继续。

2. 键盘应用基础训练

正确的键盘指法是提高计算机信息输入速度的关键。因此，初学计算机的用户必须从一开始就严格按照正确的键盘指法进行操作。

（1）正确的姿势。只有正确的姿势才能做到准确快速地输入而又不容易疲劳。

①调整椅子的高度，使前臂与键盘平行，前臂与后臂间略小于 90°；上身保持笔直，并将全身重量置于椅子上。

②手指自然弯曲成弧形，指端的第一关节与键盘成垂直角度，两手与两前臂成直线，手不要过于向里或向外弯曲。

③打字时，手腕悬起，手指指尖要轻轻放在字键的正中面上，两手拇指悬空放在<Space>键上。此时的手腕和手掌都不能触及键盘或机桌的任何部位。

（2）击键，顾名思义，就是手指要用"敲击"的方法去轻轻地击打字键，击毕即缩回。

（3）键盘指法分区如图 1-2 所示。要求操作者必须严格按照键盘指法分区规定的指法敲击键盘，这里不适用"互相帮助"的原则。

3. 认识鼠标

控制屏幕上的鼠标箭头准确地定位在指定的位置处，然后通过击键（左键或右键）发

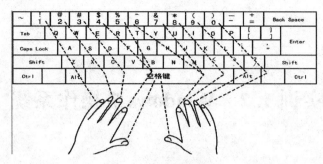

图 1-2　指法分区图

出命令，完成各种操作。

鼠标根据工作原理分为光电式鼠标和机械式鼠标（见图 1-3），也可根据传输介质分为有线鼠标和无线鼠标。

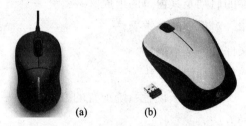

图 1-3　有线鼠标和无线鼠标

（a）有线鼠标　（b）无线鼠标

4. 掌握鼠标的操作

移动鼠标：移动屏幕上的鼠标指针。

单击左键：选择对象，或执行某个菜单命令。

双击左键：打开文件/文件夹，或运行与所指对象相关联的应用程序。

左键拖放：移动对象/复制对象/创建对象快捷方式等。

单击右键：弹出所指对象的快捷菜单。

向前/向后转动滚轮：显示窗口中前面/后面的内容。

在 Windows 操作系统中，不同的鼠标指针形状有不同的含义。

1.1.3.4　文字录入

（1）用"金山打字通"软件进行指法练习。

（2）用"金山打字通"软件练习英文打字 15 分钟后进行速度测试。

（3）用"金山打字通"软件练习中文打字 15 分钟后进行速度测试。

注意：若计算机中没有安装"金山打字通"软件，可在"写字板"中练习。进入方法为：单击 Windows 桌面上的"开始"按钮，执行"所有程序"→"附件"→"写字板"命令。

实训 1.2　Windows 7 操作系统

1.2.1　实训目的

(1) 掌握资源管理器的启动及其窗口的组成。
(2) 掌握窗口、菜单、对话框的基本操作。
(3) 掌握对文件及文件夹的基本操作。
(4) 掌握快捷方式的创建和使用方法。
(5) 掌握利用 Windows 控制面板设置系统配置的方法。
(6) 掌握屏幕抓图的方法。

1.2.2　实训学时

2 学时。

1.2.3　实训内容及要求

1.2.3.1　窗口、菜单、对话框

1. 打开"计算机"窗口

(1) 观察、认识窗口的组成。
(2) 双击系统盘（C:）的图标，浏览查看 C 盘上的文件和文件夹。
(3) 单击窗口"关闭"按钮，关闭 C 盘和"计算机"窗口。

2. 窗口操作

(1) 在"开始"菜单中单击"计算机"，打开"计算机"窗口。
(2) 拖动"计算机"窗口的边缘及四角改变窗口大小。
(3) 利用"最大化""最小化"按钮改变窗口的大小。
(4) 双击窗口标题栏，使窗口最大化。
(5) 单击"还原"按钮，使窗口恢复原始的大小。
(6) 拖动窗口标题栏改变其位置。

3. 打开三个窗口，用以下方法进行切换、内容滚动、关闭的操作

（1）单击任务栏中该窗口的按钮切换。

（2）利用<Alt+Tab>组合键切换。

（3）单击标题栏非按钮处切换。

（4）横向平铺窗口。

（5）使用滚动条滚动窗口内的内容。

（6）用多种方法关闭打开的窗口。

4. 打开"计算机"窗口认识各类菜单

（1）用鼠标单击菜单栏上的菜单名，打开相应的菜单。

（2）用鼠标单击窗口右上角的控制按钮或右击标题栏打开控制菜单。

（3）用鼠标右击某一对象，打开该对象的快捷菜单。

（4）使用键盘打开菜单，如按<Alt+F>键打开"文件"菜单。

（5）在"计算机"窗口中，利用窗口信息区打开"我的文档"窗口，选择"查看"→"详细信息"选项，显示窗口中的图标。

1.2.3.2 启动资源管理器

启动资源管理有两种方法，任选其一。

方法1：选择"开始"→"所有程序"→"附件"→"Windows 资源管理器"选项，打开"资源管理器"窗口，如图1-4所示。

方法2：通过快捷菜单，执行"资源管理器"命令进入。

（1）右击"开始"按钮。

（2）在弹出的快捷菜单中执行"打开 Windows 资源管理器"命令。

注意：在 Windows 7 中引入"库"的概念，与 XP 系统中的"我的文档"类似，分文档、图片、音乐和视频4个库，建议把重要的资料分类放入各库中。库是一个虚拟文件夹，操作方法与普通的文件夹一样，是"我的文档"的进一步加强。

1.2.3.3 文件管理

1. 新建文件和文件夹

（1）用资源管理器菜单的方式新建名为"student1"的文件夹。

①在"资源管理器"窗格左侧选定需要建立文件夹的驱动器。

②执行"文件"→"新建"→"文件夹"命令（见图1-5），在右窗格中出现的新文件夹命令框中输入"student1"，然后按<Enter>键。

（2）以右键菜单方式新建一个名为"student2"的文件夹。

①在"资源管理器"左窗格中选定需要建立文件夹的驱动器。

②在"资源管理器"右窗格任意空白区域右击鼠标，在弹出的快捷菜单中执行"新

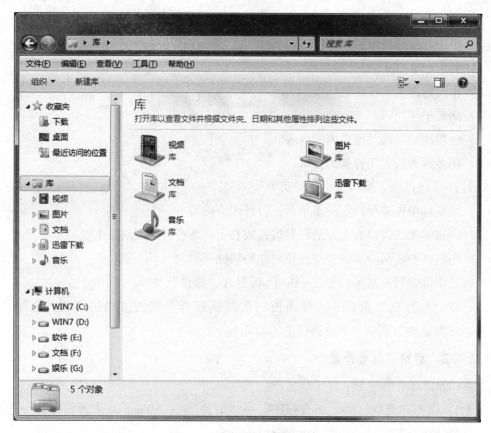

图1-4 "资源管理器"窗口

建"→"文件夹"命令,如图1-6所示。在出现的新文件夹命名框中输入"student2"并按<Enter>键。

 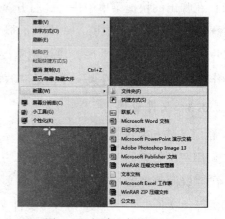

图1-5 新建文件夹方法1　　　　图1-6 新建文件夹方法2

(3)新建一个名为"happy.txt"的文件。

①在"资源管理器"左窗格中选定建立文件所在的位置,例如E盘。

②鼠标移到右窗格中并右击,在弹出的快捷菜单中执行"新建"→"文本文件"命

令,在出现的新文件命名框中输入"happy.txt"并按<Enter>键。

2. 删除文件和文件夹

删除名为"student1"的文件夹。操作步骤如下:

(1) 在"资源管理器"右窗格中选定"student1"文件夹,然后选择下列三种方法之一将其删除。

①执行"文件"→"删除"命令。

②右击选定的文件夹,在弹出的快捷菜单中执行"删除"命令。

③直接按<Delete>键。

(2) 在出现的对话框中单击"是"按钮,可看到右窗格中的文件夹"student1"被删除。删除的文件通常放到"回收站"中,必要时可以恢复。

3. 复制文件和文件夹

复制文件和文件夹是指在目的文件夹中创建出与源文件夹中被选定的文件和文件夹完全相同的文件和文件夹。一次可复制一个或多个文件和文件夹。

将C:\Windows\System32\command.com文件和其后连续的四个文件复制到E盘。操作步骤如下:

(1) 选定文件C:\Windows\System32\command.com和其后连续的四个文件。

(2) 右击鼠标,在弹出的快捷菜单中执行"复制"命令(此时文件会放到剪贴板中)。

(3) 选定需要复制文件的目标位置,右击鼠标,在弹出的快捷菜单中执行"粘贴"命令。

4. 重命名文件和文件夹

将E盘中"student2"文件夹重命名为"pupil2",操作步骤如下(两种方法,任选其一):

(1) 在左/右窗格中选定"student2"文件夹,右击鼠标,在弹出的快捷菜单中执行"重命名"命令,然后输入新的文件夹名"pupil2",按<Enter>键确定。

(2) 在左/右窗格中选定"student2"文件夹,执行"文件"→"重命名"命令,输入新文件夹名"pupil2",按<Enter>键确定。

5. 查找文件和文件夹

用户经常碰到这样的情况:有时只知道文件的部分信息(条件),却又希望能够快速地找到该(类)文件,这时就可以使用Windows 7提供的查找功能。

找出C:\Windows下所有的扩展名为exe的文件,操作步骤如下(两种方法,任选其一)。

(1) 打开"资源管理器"窗口,选择搜索的驱动器,选择对应的文件夹Windows,在搜索栏中输入"*.exe",即可在对应的文件夹中查找,如图1-7所示。

图 1-7 在"资源管理器"窗口中查找文件

（2）刷新桌面，按功能键<F3>，弹出如图 1-8 所示的搜索栏，输入相应内容。

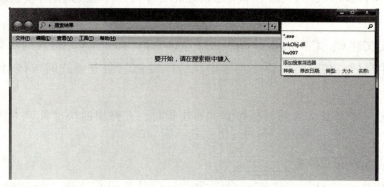

图 1-8 弹出搜索栏

6. 创建快捷方式

以在桌面上建立记事本程序（Notepad.exe）的快捷方式为例，介绍创建快捷方式的方法。

（1）右击桌面空白处，在弹出的快捷菜单中执行"新建"→"快捷方式"命令，打开如图 1-9 所示的"创建快捷方式"对话框。单击"浏览"按钮，弹出如图 1-10 所示的"浏览文件或文件夹"对话框，找到记事本程序，如 C：\ Windows \ System32 \ notepad.exe，再按提示一步一步地操作即可。

（2）在资源管理器中找到 C：\ Windows \ System32 \ notepad.exe，右击鼠标，在弹出的快捷菜单中执行"发送到"→"桌面快捷键方式"命令即可。

（3）单击"开始"→"所有程序"→"附件"按钮，然后右击"记事本"按钮，在弹出的快捷菜单中执行"发送到"→"桌面快捷键方式"命令即可。

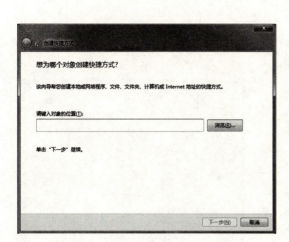 

图1-9 "创建快捷方式"对话框　　　　图1-10 "浏览文件或文件夹"对话框

1.2.3.4 控制面板的使用

1. 屏幕保护程序的设置

（1）单击"开始"→"控制面板"→"外观和个性化"→"个性化"按钮，弹出如图1-11所示的"个性化"窗口，单击"屏幕保护程序"按钮，弹出如图1-12所示的"屏幕保护程序设置"对话框。

（2）在"屏幕保护程序"列表中选择"三维文字"，接着单击"设置"按钮，弹出如图1-13所示的"三维文字设置"对话框。

（3）在"文本"栏的"自定义文字"框中输入"Windows 7"，并对"大小""旋转速度""表面样式""字体"等选项进行设置，最后单击"确定"按钮。

（4）如要设置密码，可在"屏幕保护程序设置"对话框中选择"在恢复时显示登录屏幕"复选框。这样设置后，在从屏幕保护中恢复正常运行时用户必须输入Windows的登录密码。

图1-11 "个性化"窗口

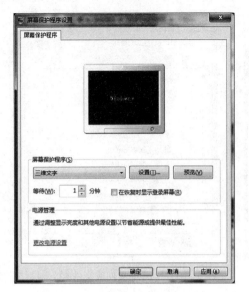
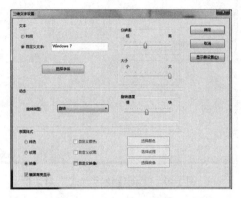

图 1-12 "屏幕保护程序设置"对话框　　　　图 1-13 "三维文字设置"对话框

（5）在"屏幕保护程序设置"对话框的"等待"框中，设置适当的屏幕保护程序启动等待时间（如设定最少等待时间为 1 分钟）。

（6）单击"确定"按钮，关闭所有对话框，暂停计算机操作，等待 1 分钟后，观察计算机屏幕的变化。

2．用户管理

建立新用户，并设置密码。操作步骤如下：

（1）单击"开始"→"控制面板"→"用户账户和家庭安全"→"用户账户"→"添加或删除用户账户"按钮（见图 1-14），打开"管理账户"窗口，选择"创建一个新账户"选项，打开如图 1-15 所示窗口。

图 1-14 添加或删除用户账户

（2）为新账户输入一个名字，选择"标准用户"或"管理员"。设置完成后单击"创建账户"按钮，退出设置界面。

1.2.3.5　屏幕抓图

屏幕抓图是指抓取屏幕上的图案或图标，应用于文档中。

（1）抓取桌面上的"回收站"图标显示桌面，在桌面上按<PrtSc SysRq>键。打开画图工具，执行"主页"→"剪切板"→"粘贴"命令，则整个桌面被导入画图工具中，

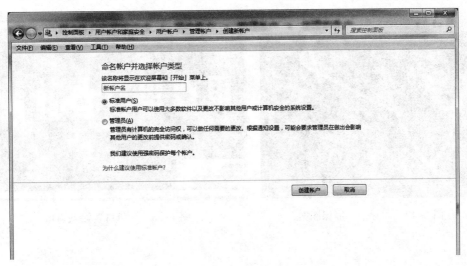

图 1-15 "创建新账户"窗口

如图 1-16 所示。

（2）抓取屏幕保护图案例，如欲将常见的如图 1-17 所示的"彩带"屏幕保护图案抓取下来做成文件保存。具体方法如下：

①右击桌面按钮，在弹出的快捷菜单中执行"个性化"命令，单击"屏幕保护程序"按钮，在打开的对话框中选择"彩带"屏保图案，再单击"预览"按钮查看。

②当屏幕上出现彩带图案时，按<PrtSc SysRq>键。退出屏保并打开画图工具，执行"主页"→"剪切板"→"粘贴"命令，将刚刚抓取的图案导入。

③将彩带图案以 JPG 格式做成一个图形文件保存。

（3）抓取活动窗口。按<Alt+PrtSc SysRq>组合键就可以抓取当前活动窗口。

图 1-16 整个桌面被导入画图工具中

当系统桌面上同时出现多个窗口时，其中只有一个是正在操作的窗口，即活动窗口。活动窗口的标题栏是蓝色的，其他非活动窗口的标题栏是灰色的。

假设用户正在玩"纸牌"游戏时，按<Alt+PrtSc SysRq>组合键，则可抓下"纸牌"游戏窗口，如图 1-18 所示。将其粘贴到画图工具中，可以通过编辑将扑克牌一张一张地裁剪下来。

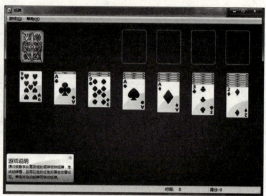

图 1-17　"彩带"屏保图案　　　　图 1-18　"纸牌"游戏窗口

实训1.3 文字处理软件 Word 2010

1.3.1 实训目的与要求

（1）熟悉 Word 2010 的启动和退出；熟悉 Word 2010 窗口界面的组成；熟悉文档的建立、打开及保存。

（2）掌握文档的基本编辑：文字录入、选定、复制、移动及删除；掌握文档编辑过程中的快速编辑操作：查找及替换。

（3）掌握字符的格式化和段落的格式化。

（4）掌握项目符号和编号的使用方法，掌握文档的分栏操作和文档的页面设置。

（5）掌握图片的插入和编辑方法，自绘图形及其格式化，文本框的使用方法。

（6）了解艺术字的使用和公式编辑器的使用方法。

（7）掌握表格的建立方法，表格的编辑要点，对表格进行格式化与对表格单元格进行计算和排序的方法，由表格生成图表的方法。

1.3.2 实训学时

6学时。

1.3.3 实训内容

1.3.3.1 熟悉 Word 2010 的工作环境

单击桌面左下角的"开始"按钮，选择"所有程序"→"Microsoft Office"→"Microsoft Word 2010"命令，启动 Word 2010 后，了解并掌握图中各按钮或控件的名称及用途。

1. 快速访问工具栏

常用命令位于此处（如"保存""撤销"等），用户也可以添加个人常用命令。打开"自定义快速访问工具栏"下拉菜单，从中执行常用命令。若要取消"快速访问工具栏"中的常用命令，只需再次执行"自定义快速访问工具栏"下拉菜单中的命令，取消勾选即可。若需要添加"自定义快速访问工具栏"下拉菜单中没有的命令，则单击"其他命令"按钮，进行添加。

2. 标题栏

显示正在编辑的文档的文件名和所使用的软件名。

3. "文件"菜单按钮

单击"文件"菜单按钮后,弹出的下拉菜单中有保存、另存为、打开、关闭、新建、打印预览和打印等基本命令,还有当前编辑文档的基本信息。

4. 选项卡和功能区

默认情况下选项卡包含"开始""插入""页面布局""引用""邮件""审阅"和"视图"7项。通过单击每个选项卡进入相应的功能区,切换显示的命令集。每个功能区根据功能的不同又分为若干个命令组,这些功能区及命令组涵盖了 Word 的各种功能。

某些组的右下角包含功能扩展按钮,用鼠标指向该按钮时,可以预览对应的对话框或者窗格,当单击该按钮时,可以弹出对应的对话框或窗格。

另外,用户可以根据需要添加"自定义"选项卡和功能区,例如,在"开始"选项卡和"插入"选项卡之间添加了"我的选项卡"选项卡,并设置了由"常用命令组"和"格式化命令组"组成的功能区。

通过执行"文件"→"选项"→"自定义功能区"命令,打开"Word 选项"对话框,来定义自己的选项卡和功能区。方法是:单击"新建选项卡"按钮,可在"开始"选项卡之后增加一个名为"新建选项卡"的选项卡,再通过"重命名"按钮修改选项卡名字为"我的选项卡"。将"新建组"重命名为"常用命令组",再单击"新建组"按钮,再设置一个"新建组",重命名为"格式化命令组"。

从右侧的下拉列表框中选择"常用命令组"选项,从左侧的下拉列表框中选择"保存""查找""撤销"等选项,分别单击"添加"按钮,将这些命令添加到"常用命令"组中。选中"格式化命令组"选项,为其添加"编号""段落""字体""字号"等命令。最后单击"确定"按钮,完成设置。

5. 导航窗格

在"视图"选项卡的"显示"组中,选中或取消"导航窗格"复选框可以显示或隐藏导航窗格。"导航窗格"主要用于显示 Word 2010 文档的标题大纲。用户可以单击文档结构图中的标题展开或收缩下一级标题,并且可以快速定位到标题对应的正文内容,还可以显示 Word 2010 文档的缩略图。对于长达几十页甚至上百页的长文档,Word 文档的导航窗格为用户提供了精确的导航功能。

6. 编辑区

编辑区也称为工作区,位于窗口的白色区域,可以编辑、排版和查看文档。

7. 标尺

标尺有水平标尺和垂直标尺两种。水平标尺用于设置制表位的位置、段落的缩进、文本的左右边界、首行缩进、表格的列宽等；垂直标尺用于设置文本的上下边界、表格的行高等。在"视图"选项卡的"显示"组中，选中或取消"标尺"复选框可以显示或隐藏标尺。

8. 状态栏

状态栏用于显示正在编辑的文档的相关信息，如当前页面数、选中文字字数、文档总字数、输入状态等。其中，"插入/改写按钮"用于切换"插入"和"改写"状态，只需要用单击状态栏上的"插入"按钮；使其由"插入"状态按钮变为"改写"状态按钮，即由插入状态切换到改写状态，或者按键盘上的 Insert 键进行切换。在"插入"状态下，在光标插入点位置添加新的内容，光标后面的文字自动后移；在"改写"状态下，在光标插入点位置输入新的内容，会替换光标后面的文字。通常，输入文本前要确认当前状态是"插入"还是"改写"。

9. 视图按钮

所谓视图，是指文档在 Word 应用程序窗口中的显示形式。同一个文档在不同的视图下查看，文档的显示方式不同。Word 有 5 种视图：页面视图、阅读版式视图、Web 版式视图、大纲视图和草稿视图。

（1）页面视图（默认视图）主要用于版面设计，页面视图下的文档与打印所得的页面相同，即"所见即所得"。

（2）阅读版式视图适于阅读长文档内容。在"阅读版式"中可以一次查看两页，还可以按打印效果显示页面，增加可读性。

（3）Web 版式视图用于查看 Word 文档以 Web 页形式在 Web 浏览器中的效果，而无需离开 Word。

（4）大纲视图适合于编辑文档的大纲，以便能审阅和修改文档的结构。在大纲视图中，可以折叠/展开文档，以便只查看某一级的标题或某一段内容；可以上移/下移、提升/降低各级标题，以便快速实现调整文档结构的操作。

（5）草稿视图取消了页面边距、页眉页脚、分栏和图片等元素，仅显示标题和正文，是最节省计算机系统硬件资源的视图方式。

10. 缩放滑块

通过拖动滑块，改变显示百分比的设置来调整文档显示的比例。

1.3.3.2 掌握文档的创建、保存及打开

1. 创建文档

默认情况下，Word 2010 程序在打开的同时会自动新建一个空白文档，并暂时命名为"文档1"。除了这种自动创建文档的方法外，若在编辑文档的过程中还需要另外创建一个或多个新文档时，通过执行"文件"→"新建"→"空白文档"命令，单击"创建"按钮，即可新建一个空白 Word 文档。

2. 保存文档

无论是新建的文档，还是已有的文档，对其进行相应的编辑后都应及时保存，否则有时会因为操作不当、断电、死机或系统自动关闭等异常情况，造成编辑的文档内容丢失。

（1）对于新建的文档，单击"快速访问工具栏"中的"保存"按钮（或按 Ctrl+S 组合键），或通过选择"文件"→"保存"或"另存为"选项，都会打开"另存为"对话框。在对话框中设置文档的保存路径、文件名及保存类型，然后单击"保存"按钮即可。

文档的"保存路径"通过在对话框中左侧的导航窗口中选择"D 盘"，再单击"新建文件夹"按钮，在 D 盘根目录下创建了一个名为"新建文件夹"的文件夹，将"新建文件夹"重新命名为"201721812012"学号文件夹，单击"打开"按钮，进入"201721812012"文件夹目录下，在对话框中为文档命名为"实验1"文件名，"保存类型"默认为"Word 文档"，单击"保存"按钮即可完成保存文档。

在"另存为"对话框的"保存类型"下拉列表框中，若选择"Word 97-2003 文档"，可将 Word 2010 制作的文档另存为 Word 97-2003 兼容模式，这样可以通过早期版本的 Word 程序打开并编辑该文档。

（2）对于已有的文档，与新建文档的保存方法相同，只是单击"快速访问工具栏"中的"保存"按钮（或按 Ctrl+S 组合键），或通过选择"文件"→"保存"选项，对已有文档进行保存时，仅是将对文档的更改保存到原文档中，因而不会弹出"另存为"对话框，但会在"状态栏"中右侧显示"Word 正在保存…"的提示，保存完成后提示立即消失。

而通过选择"文件"→"另存为"选项，会打开"另存为"对话框，可以将文档另存，即对文档进行备份，可将修改后的文档另存为一个新文档，而原文档还依然存在。有时因为误操作，没能将文档保存到 D 盘"201721812012"学号文件夹下，于是需要再进行"另存为"操作将文档进行正确保存。

3. 打开文档

要对已有的文档进行编辑，首先需要先将其打开。一般来说，可以双击桌面的"计算机"图标，进入该文档的存放路径，再双击文档图标即可将其打开。还可以通过选择"文件"→"打开"选项，就会弹出"打开"对话框。

文档的"打开路径"通过在对话框中左侧的导航窗口中选择"D 盘"，再双击"201721812012"学号文件夹，再选择"实验1"文件名，单击"打开"按钮，即可完成打开文档。

1.3.3.3 掌握文本、符号的输入

1. 中英文输入

中英文输入必须分别在中、英文输入状态下进行，可使用 Ctrl+Space 快捷键在中、英文输入状态下切换，而使用 Ctrl+Shift 快捷键在各种中文输入法之间切换。例如，切换到

一种中文输入法之后（如搜狗拼音输入法）。

新段落的开始行需要缩进两个汉字的位置，为此，可以按 4 次空格键，每按一次，光标移动一个半角字符的位置，两个汉字占 4 个半角字符，其中半角状态是默认的。半角和全角切换的快捷键是 Shift+Space 或单击全/半角按钮，使全/半角按钮成满月形状态。全角状态下只需按 2 次空格键，每按一次，光标移动一个全角字符的位置，就可使新段落的开始行缩进两个汉字的位置。全/半角状态，用来控制字母和数字的输入效果，半角使输入的字母和数字仅占半个汉字的宽度。如：12ab；全角使输入的字母和数字占一个汉字的宽度，如：１２ａｂ。

2. 中英文符号输入

在文档中除了中文或英文字符外，还经常需要输入一些符号。各种符号输入方法如下：

（1）常用的标点符号。键盘上显示的标点符号都是英文标点符号状态下的标点符号，操作系统命令、程序语句的标点符号必须是半角英文标点符号，对于处于上位键的标点符号，输入时需同时按下 Shift 键。在切换到一种中文输入法之后（如搜狗拼音输入法），按钮就是中文标点符号状态。在中文标点符号状态下，键盘上的英文标点符号自动转换成相应的中文标点符号，例如，输入英文句号"."，会显示为小圆圈"。"；输入英文反斜杠"\"，会显示为顿号"、"；输入英文大于或小于符号"<"或">"，会显示为书名号"《"或"》"等。可以按 Ctrl+. 快捷键实现中英文标点符号的切换。

（2）特殊的标点符号、数学符号、单位符号、希腊字母等。可以通过输入法状态栏中软键盘按钮实现输入特殊符号。单击软键盘按钮，会出现"特殊符号"和"软键盘"两个选项的快捷菜单，选择"特殊符号"单击所需各种类别的符号；若右击软键盘四按钮，会出现"软键盘"的多个类别符号选项的快捷菜单，选择单击所需类别符号选项，即可出现软键盘。

（3）特殊的图形符号。可以通过执行"插入"→"符号"命令进行操作。

1.3.3.4 文档的录入与编辑

1. 实训内容

（1）在 D 盘下新建一个文件夹，命名为"学生"，然后再建一文档，并命名为"Word1.DOC"。

（2）打开"Word1.DOC"文件，输入下面的内容，要求全部使用一种中文输入法、中文标点及中文半角。

（3）在"Word1.DOC"文档内容最前面一行插入标题"中国国家馆"。

（4）在"Word1.DOC"文档中，查找文字"设计者自然想到"，从此句之后开始另起一段。

（5）将现在的第三段"中国馆的造型具有标志性……"与上一段合并为第二个段落。

(6) 将文档中出现的"中国红"文字用"国旗红"文字替换。

(7) 将全文用"字数统计"功能统计该文总字符数（计空格）。

(8) 以不同显示模式显示文档。

(9) 将文档中所有的"国旗红"文字改变为红色并加着重号。

(10) 将文档中所有的阿拉伯数字修改为绿色、倾斜、加粗。

(11) 将操作结果进行保存，并关闭文档窗口。

2. 实训指导

(1) 双击打开"计算机"→"D 盘"，在 D 盘下新建一个文件夹，并命名为"学生"。然后双击打开"学生"文件夹，在"学生"文件夹窗口内右击鼠标，在弹出的快捷菜单中执行"新建"→"Microsoft Word 文档"命令，并重命名为"Word1.DOC"。

(2) 双击打开"Word1.DOC"文档，用鼠标在任务栏中选择用户熟悉的中文输入法，然后输入下面"输入内容"的内容。

输入内容

中国馆"东方之冠"具有明显的中国特色，它融合了多种中国元素，并用现代手法加以整合、提炼和构成，国家馆的造型还借鉴了夏商周时期鼎器文化的概念。鼎有四足，起支撑作用。作为国家盛典中的标志性建筑，光有斗拱的造型还不够，还要传达出力量感和权威感，这就需要用四组巨柱，像巨型的四脚鼎将中国馆架空升起，呈现出挺拔奔放的气势，同时又使这个庞大建筑摆脱了压抑感。这四组巨柱都是18.6米×18.6米，将上部展厅托起，形成21米净高的巨构空间，给人一种"振奋"的视觉效果，而挑出前倾的斗拱又能传达出一种"力量"的感觉。

通过巨柱与斗拱的巧妙结合，将力合理分布，使整座建筑稳妥、大气、壮观，极富中国气派。同时向前倾斜的倒梯形结构，是现代建筑向力学的又一挑战。将传统建筑构件科学地运用，是中国人的又一创造，它向世界传达了一个大国崛起的概念，也向世界展示了中国人的文化自信。

中国馆的造型具有标志性、地域性和唯一性的特征，它的外表是什么颜色，这又是人们关注的问题。那么，什么颜色最能代表中国特色呢？设计者自然想到了"中国红"，一种代表喜悦和鼓舞的颜色，一种大气、稳重、经典的颜色。可是红色在大型建筑中非常难用，由于红色的波长强、刺眼而跳跃，搞不好会有飘起来的感觉，从而影响整体形象。其实，中国红是一个概念比较模糊的颜色，大红的对联，火红的灯笼，红红的中国结，这些都叫中国红。可是在不同的历史时空环境中，它又呈现出多种审美表达。如故宫太和殿所展示的"红"就达五种之多，怎样在现代建筑中用好"中国红"呢？为此，设计者专门请来中国美术学院研究所的专家，通过反复试验，现场观察，实物对比，最后商定中国馆不可能用一种红，而是借用故宫红的色彩，采取多种渐变。于是，就有了中国馆外表从上到下，由深到浅四种红色的"退晕"渐变，上面重一点，下面轻一点，既传统又时尚，丰富了中国红的内涵，使整个建筑呈现出一种层次感和空间感，极富生气和活力。中国馆披上了"中国红",传达出喜庆、吉祥、欢乐、和谐的情感,展示着"热情、奋进、团结"的民族品格。这是对中国特色的又一最好解读。

(3) 将光标移到"Word1.DOC"文档的起始位置处单击<Enter>键,在新插入的一行中输入标题"中国国家馆"。

(4) 执行"开始"→"编辑"→"查找"命令,弹出"查找和替换"对话框,如图1-19所示。在"查找"选项卡中将光标定位到"查找内容"文本框,输入文字"未来城市发展之路",单击"查找下一处"按钮,关闭此对话框。将光标移动到"设计者自然想到"后面,再按<Enter>键,完成另起一段的要求。

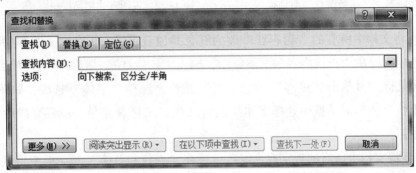

图1-19 "查找和替换"对话框

(5) 将光标移到"中国人的文化自信。"的尾部,按<Delete>键后即可与下一段合并。

(6) 将光标定位到文档末尾(用组合键<Ctrl+End>),打开"查找和替换"对话框,选择"替换"选项卡,如图1-20所示。在"查找内容"和"替换为"文本框中分别输入"国家馆"和"中国国家馆",在"更多"查找选项中设置"搜索"为"向上",然后单击"查找下一处"按钮,单击"替换"按钮即可(注意仅替换一处,不可单击"全部替换"按钮)。

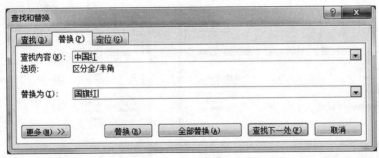

图1-20 "替换"选项卡

(7) 将光标移到文本任意处,执行"审阅"→"校对"→"字数统计"命令,弹出"字数统计"对话框(见图1-21),即可显示本文的总字数。

(8) 分别单击视图菜单上的不同文档视图方式(见图1-22),观察不同视图方式下的文档效果。

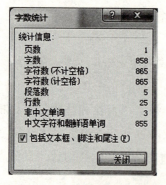

图 1-21 "字数统计"对话框　　　　图 1-22 视图方式切换按钮

（9）要将文档中所有的"国旗红"改为红色并加着重号，可在"查找和替换"对话框中，将光标定位在"查找内容"文本框中，输入"国旗红"，然后在"替换为"文本框中单击一次鼠标。再单击"更多"→"格式"按钮，选择"字体"选项，如图 1-23 所示，在"查找字体"对话框中选择字体颜色为红色并选择着重号。设置完成后单击"全部替换"按钮。

（10）要将文档中所有的数字改为绿色，可在"查找和替换"对话框中将鼠标指针定位在"查找内容"文本框中，单击"高级"→"特殊格式"按钮，选择"任意数字"选项（见图 1-24），这时在"查找内容"文本框中显示"^#"符号，表示任意数字。然后将鼠标指针定位在"替换为"文本框中，单击"格式"按钮后选择"字体"选项，设置字体颜色为绿色，字形为"加粗、倾斜"，单击"确定"按钮。

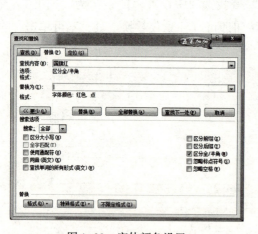
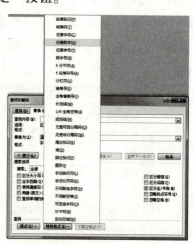

图 1-23 字体颜色设置　　　　图 1-24 "任意数字"选项

（11）执行"文件"→"保存"命令，即可保存操作结果；执行"文件"→"退出"命令，则关闭该文档窗口。

操作效果如图 1-25 所示。

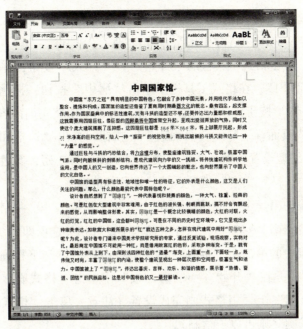

图 1-25

1.3.3.5 文本的格式化

1. 实训内容

（1）打开前面已建立的"Word.DOC"文档，另存为"Word1_BAK.DOC"。

（2）将标题"中国国家馆"设置为"标题1"样式并居中；将标题中的汉字设置为三号、蓝色，文字字符间距为加宽3磅，加上着重号；为标题添加25%的底纹及3磅的边框，边框的颜色为红色。

（3）将第一段的前两个字"展馆"加上如样张3-3所示的拼音标注，拼音为10磅大小。

（4）将第一段正文中的第一个"展馆"两字设置为隶书、加粗，然后利用"格式刷"将本段中的第二个"展馆"字符设置成相同格式；将文字"东方足迹"添加单线字符边框；将文字"寻觅之旅"加单下划线；将文字"低碳行动"倾斜。

（5）将第一段中的"感悟立足于中华价值观和发展观的未来城市发展之路"文字转换为繁体中文。

（6）将第二段正文中的文字设置为楷体、小四号，段前及段后间距均设置为0.5行，首行缩进2个字符。

（7）将第二段正文进行分栏，分为等宽两栏，中间加分隔线，并将第3段首字下沉，下沉行数为2个字符。

2. 实训指导

（1）双击"计算机"→"D盘"→"学生"文件夹→"Word1.DOC"文件，即可打开"Word1.DOC"文档窗口,执行"另存为"命令,弹出"另存为"对话框,在"文件名"文本框后填入"Word1_ BAK.DOC",单击"保存"即可。

(2)选中标题,单击格式工具栏的"开始"→"样式"按钮,弹出"样式"下拉列表。在列表中选"标题1",在格式工具栏中单击"居中"按钮,标题则居中显示;单击"格式"菜单的"字体"按钮,在打开的"字体"对话框中按实训内容要求进行设置;单击"页面布局"→"页面背景"→"页面边框"按钮,弹出"边框和底纹"对话框。在"边框"选项卡中,线型设置为默认线型,线型宽度设置为3磅,颜色选择红色,在"应用于"下拉列表框中选择"文字"选项,然后设置其他选项。

(3)选中第一段的第一个"展馆"两字,单击"开始"→"字体"→"拼音指南"按钮,弹出"拼音指南"对话框,在此对话框中设置相关选项即可。

(4)选中第一段中的第二个"展馆"两字,单击"字体"下拉列表,在下拉列表中选"楷体_ GB2312";并在"开始"→"剪贴板"中单击"格式刷"按钮,然后再将鼠标移到第三个"展馆"上,用格式刷完成设置(注意:单击"格式刷"每次只能刷一个对象,双击"格式刷"则可以连续刷)。

(5)选中"感悟立足于中华价值观和发展观的未来城市发展之路",单击"审阅"工具栏的"中文简繁转换"按钮进行相应的转换。

(6)选中第三段,然后单击"开始"→"段落"按钮,弹出"段落"对话框。利用"段落"对话框的"缩进和间距"选项卡设置段前、段后间距,文字设置方法同前。

(7)选中第三段,单击"页面布局"→"页面设置"→"分栏"按钮,弹出"分栏"对话框。在"分栏"对话框中设置相关选项即可。单击"插入"→"文本"→"首字下沉"按钮,弹出"首字下沉"对话框,在此对话框中设置即可。

1.3.3.6 图文混排

1. 实训目标

(1)能在文档中插入不同类型的图形对象。

(2)能对设置图形对象的格式。

2. 实训安排

(1)页面设置:纸张大小为16开,左右页边距为2.4厘米,上下页边距为1.9厘米。

(2)背景填充效果为雨后初晴,从角部辐射。

(3)标题采样艺术字,艺术字样式采用"填充-蓝色,强调文字颜色1,塑料棱台,映像",隶书、二号,版式为嵌入型,居中对齐。

(4)正文字体:黑体,小四,黑色。段落:首行缩进2字符,行距为21磅。

(5)第一自然段后插入"1.jpg"和"2.jpg"。居中对齐,四周环绕型。图片样式为"金属圆角矩形",图片边框为浅绿色,图片效果为"紧密映像 接触"。

(6)在文章末尾用自选图形绘制一个"双波形"对象。要求:添加文字"世界唯一一家七星级酒店",黑体、四号、红色、加粗,居中对齐;线条颜色为蓝色、填充色为黄绿颜色双色渐变中心辐射,顶端居右,四周型文字环绕。

3. 实训步骤

(1)单击"页面布局"选项卡,单击"页面设置"右侧扩展按钮,在页边距选项卡中填入上下页边距为2.4厘米,左右页边距为1.9厘米。单击"纸张"选项卡,在纸张大小中选择16开。

(2)单击"页面布局"选项卡,单击"页面颜色"右下拉列表,单击"填充效果"按钮,打开如图1-26所示"填充效果"对话框,在"渐变"选项卡中单击"颜色"选项中的"预设"按钮,在"预设颜色"下拉列表中选择"雨后初晴"选项,在"底纹样式"选项中选择"角部辐射"选项,单击"确定"按钮。

(3)选中标题,单击"插入"选项卡→"艺术字"下拉列表,单击"填充-蓝色,强调文字颜色1,塑料棱台,映像",单击"开始"选项卡,设置字体隶书、二号、段落居中对齐,双击艺术字,单击"自动换行"下拉列表(见图1-27),选择嵌入型。

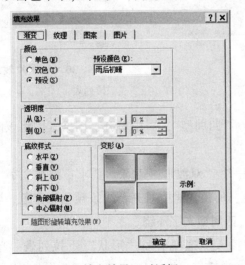 

图1-26 "填充效果"对话框　　图1-27 "自动换行"下拉列表

(4)设置正文字体:黑体,小四,黑色。段落:首行缩进2字符,行距为21磅。

(5)插入图片并设置图片格式。

①将光标置于第一自然段后,按回车键另起一行,单击"插入"选项卡\→"图片"按钮,选择"1.jpg"和"2.jpg"选项。

②双击"1.jpg"(见图1-28),在"格式"选项卡单击"图片样式"下拉列表,单击"金属圆角矩形"按钮。

③单击"图片边框"下拉列表,选择"浅绿色"选项,如图1-29所示。

④单击"图片效果"下拉列表,选择"映像"→"紧密映像,接触"选项,如图1-30所示。

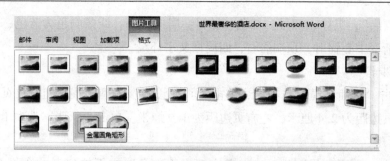

图1-28 "图片样式"下拉列表

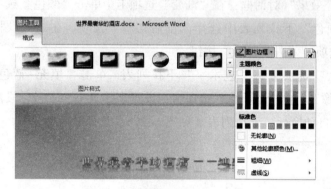

图1-29 "图片边框"下拉列表图

图1-30 "图片效果"下拉列表

⑤选中"1.jpg",设置图片版式为"四周型",居中对齐,用格式刷将该图片的格式应用到"2.jpg"。

(6) 在文章末尾用自选图形绘制一个"双波形"对象。要求:添加文字"世界唯一一家七星级酒店",黑体、四号、红色、加粗,居中对齐;线条颜色为蓝色、填充色为黄绿颜色双色渐变中心辐射,顶端居右,四周型文字环绕。

①将光标置于文章末尾→单击"插入"选项卡→"形状"下拉列表→单击"双波形",当鼠标呈"+"时拖动鼠标绘制双波形。

②右击"双波形"→"编辑文字"→在"双波形"内输入"世界唯一一家七星级酒店"文字,并设置黑体、四号、红色、加粗,居中对齐。

③右击"双波形"→"设置形状格式"→"填充"按钮,如图1-31所示。

单击"渐变填充"单选按钮→在"类型"下拉列表中选择"射线"→在"渐变光圈"中删除多余的停止点→在最左侧的停止点设置颜色为"黄色"→最右侧的定制点设置颜色为"绿色"→单击"关闭"按钮。

1.3.3.7 非文本对象的插入与编辑

1. 实训内容

(1) 打开前面已建立的"Word1_BAK.DOC"文档,将其正文部分复制到新建文档

图 1-31 设置填充渐变

"Word2.DOC"中并保存。

（2）插入艺术字标题"2010年上海世博会"，式样取自第2行第5列，字体为隶书，字号为36磅，采用四周型环绕。

（3）在正文前插入名称为"architecture"的剪贴画，高度、宽度均缩小至30%。

（4）在正文后面插入图片文件（文件可上网下载2010年上海世博会图片），环绕方式选"四周型环绕"，拖曳到样张所示位置。

（5）按样张插入坚排文本框，输入文字"中国国家馆"，并设置为华文行楷、加粗、小四号、青色；设置文本框外框线为3.5磅粗细双线；将文本框置于整个文档中，四周环绕。

（6）使用公式编辑器编辑如下公式：$S_x = \sqrt{\dfrac{1}{n-1}\left\{\sum\limits_{i=1}^{n} X_i^2 - n\overline{X^2}\right\}}$。

（7）利用自选图形绘制流程图。

（8）保存文档。

2. 实训指导

（1）打开原来保存的"Word1_BAK.DOC"文档，选中其正文部分，将其复制粘贴到一个新建的文档"Word2.DOC"中。

（2）单击"插入"→"艺术字"按钮，弹出艺术字库。选择第2行第5列的式样，在"编辑艺术字文字"对话框中输入内容，设置字体、字号；右击插入的艺术字，在弹出的快捷菜单中执行"设置艺术字格式"命令，设置填充颜色和环绕方式，将艺术字拖曳到文字中。

（3）将光标定位到文本开头，单击"插入"→"插图"→"剪贴画"按钮，双击插入的剪贴画，进入到"图片格式"工具栏。单击"大小"按钮，弹出"布局"对话框，改变"大小"中缩放高度、宽度（图片缩小至30%，因为有准确数值，故此处不能用鼠标拖曳）。

（4）单击"插入"→"图片"按钮，在对话框中任意选择一图片文件进行设置。右击图片，在弹出的快捷菜单中执行"自动换行"命令，可设置环绕方式。

（5）单击"插入"→"文本框"→"绘制文本框"按钮，在插入的文本框内输入文字"中国国家馆"，并对文字进行格式化；选定文本框，利用"设置文本框格式"设置其外框线和环绕方式。

（6）单击"插入"→"对象"按钮。在"对象"对话框中选择"Microsoft 公式3.0"，在显示的"公式"工具栏中进行设置。

（7）单击"插入"→"形状"按钮，利用"形状绘图"工具栏绘制流程图，单击"形状"按钮，在子菜单中选择"流程图"。从"自选图形"菜单中选择合适的图形及箭头即可。

（8）执行"文件"→"保存"命令存盘。

1.3.3.8 表格的制作

1. 实训内容

（1）建立 5（行）×4（列）的表格（见表 1-1）。

（2）在表格最右端插入一列，列标题为"总分"；表格下面增加一行，行标题为"平均分"。

（3）将第一行第一列单元格设置斜线表头，行标题为"科目"，列标题为"姓名"。

（4）将表格除第一行、第一列外的字符格式设置为加粗、倾斜。

（5）将表格中所有单元格设置为"中部居中"；设置整个表格为"水平居中"。

（6）设置表格外框线为 1.5 磅的双实线，内框线为 1 磅的细实线；表格第一行的下框线及第 1 列的右框线为 0.5 磅的双实线。

（7）设置表格底纹，第一行的填充色为灰色-15%，最后一行为青色。

（8）在表格的第一行上增加一行，并合并单元格；输入标题"各科平均成绩表"，格式为隶书、二号、居中，将底纹设置成无填充，图案的颜色为青色。

（9）将表格中的数据按排序依据先是政治成绩从高到低，然后是英语成绩从高到低进行排序。计算每位同学总分及各科平均分（分别保留一位小数和二位小数），并设置成加粗、倾斜。

（10）最后以"WD2.DOC"为文件名保存在当前文件夹中。

2. 实训指导

（1）在常用工具栏中，单击"插入"→"表格"按钮，在下拉表格框拖曳 5（行）×4（列）（见图 1-32），并按下表输入数据。

表 1-1　5（行）×4（列）的表格

	语文/分	政治/分	英语/分
李启明	80	90	85
王德亮	95	78	77
张成宏	76	79	69
刘卫国	86	90	82

（2）将鼠标指针停留在表格最后一列，右击鼠标，在弹出的快捷菜单中执行"在右侧插入列"命令，如图 1-33 所示。在刚增加的列的第一行中填写列标题"总分"，将鼠标指针定位至表格最后一行外面的回车符前，按<Enter>键，即可追加一空白行，在刚增加的行的第一列中填写"平均分"。然后在已建表中的其他各行、列单元格中输入表 1-1 所给数据。

图 1-32　插入表格

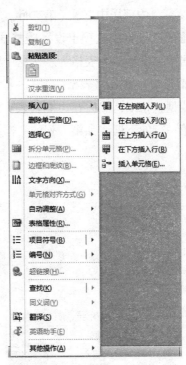

图 1-33　"在右侧插入列"命令

（3）将鼠标指针定位在第一个单元格，单击"表格工具"→"设计"→"表格样式"→"边框"按钮（见图 1-34），选择"斜下框线"选项，如图 1-35 所示。

（4）选定表格的第一行，在"格式"工具栏上分别单击"加粗""倾斜"按钮即可将字符格式设置为加粗、倾斜。

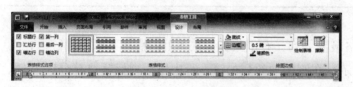

图 1-34 "表格工具"的设置　　　　图 1-35 选择"斜下框线"

(5) 单击表格左上角的图标选定整张表,右击鼠标,在弹出的快捷菜单中单击"单元格对齐方式"→"中部居中" 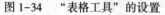(第二行、第二列按钮),如图 1-36 所示;再利用"表格属性"对话框的"表格"选项卡设置表格居中,就可以将表格中所有单元格设置为水平居中、垂直居中;设置整个表格为水平居中。

(6) 选定整张表,单击"表格工具"→"设计"→"表格样式"→"边框"按钮,选择所要求的线型、粗细,然后在边框列表中选择所需的框线,如图 1-37 所示;用同样的方法可设置第一行的下框线和第一列的右框线。

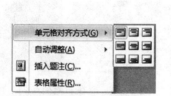

图 1-36 选择单元格对齐方式　　　图 1-37 设置边框

(7) 选择要设置底纹的区域(第一行),单击"表格工具"→"设计"→"表格样式"→"边框"→"边框和底纹"按钮,选择"底纹"选项卡,首先在"填充"下面的颜色栏中选择"灰色 15%"选项;最后一行的图案填充颜色:在"图案"中选择"纯色"→"青色"选项。

(8) 选中第一行,单击"表格工具"→"布局"→"行和列"按钮,在下拉列表中选择"在上方插入"选项,即可在表格最上面增加一行;再选中新插入的行,单击鼠标右键,在弹出的快捷菜单中执行"合并单元格"命令,如图 1-38 所示。在合并的单元格里输入表格标题"各科平均成绩表",并按题目要求设置字符为隶书、一号、居中;底纹设置为无填充;图案的颜色也为青色。

(9) 选中表格,单击"表格工具"→"布局"→"数据"→"排序"按钮,打开"排序"对话框,如图 1-39 所示。排序的第一依据是政治,第二依据是英语,均为递减,即"降序"。

 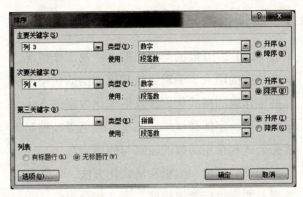

图 1-38 选择"合并单元格"命令　　　图 1-39 "排序"对话框

(10) 将光标移到"总分"单元格(如第三行最后一列),单击"表格工具"→"布局"→"数据"→"公式"按钮,在"公式"文本框中粘贴求和函数(SUM),函数的参数为(B3:D3)或(LEFT),即 SUM(B3:D3)或 SUM(LEFT),在"编号格式"文本框里输入一位小数的格式"0.0"。同理可以计算其他单元格的数值。计算"平均分"时,在"公式"文本框中粘贴平均函数(AVERAGE),函数的参数为(B3:B6)或(ABOVE),即 AVERAGE(B3:B6)或 AVERAGE(ABOVE),在"编号格式"文本框里输入一位小数的格式 0.0。

(11) 执行"文件"→"保存"命令保存文档。

实训 1.4　电子表格软件 Excel 2010

1.4.1　实训目的与要求

（1）掌握 Excel 2010 启动与退出的方法及工作情况。
（2）掌握数据的输入、编辑方法和填充柄的使用方法。
（3）掌握工作表的格式化方法及格式化数据的方法。
（4）掌握字形、字体和框线、图案、颜色等多种对工作表的修饰操作。
（5）掌握公式和常用函数的输入与使用方法。
（6）掌握图表的创建、编辑和格式化方法。
（7）掌握对数据进行常规排序、筛选和分类汇总的操作方法。
（8）掌握数据透视表的应用。

1.4.2　实训学时

6 学时。

1.4.3　实训内容

1.4.3.1　熟悉 Excel 2010 的工作环境

单击桌面左下角的"开始"按钮，选择"所有程序"→"Microsoft Office"→"Microsoft Excel 2010"选项，启动 Excel 2010 后，了解并掌握图中各按钮或控件的名称及用途。

1. 快速访问工具栏

常用命令位于此处（如"保存""撤销"等），用户也可以添加个人常用命令。打开"自定义快速访问工具栏"下拉菜单，从中选择常用命令。若要取消"快速访问工具栏"中的常用命令，只需再次执行"自定义快速访问工具栏"下拉菜单中的命令，取消勾选即可。若需要添加"自定义快速访问工具栏"下拉菜单中没有的命令，则选择"其他命令"选项进行添加。

2. 标题栏

显示正在编辑的文档的文件名和所使用的软件名。

3. "文件"菜单按钮

单击"文件"菜单按钮后,弹出的下拉菜单中有保存、另存为、打开、关闭、新建、打印预览和打印等基本命令,还有当前编辑文档的基本信息。

4. 选项卡和功能区

默认情况下选项卡包含"开始""插入""页面布局""公式""数据""审阅"和"视图"7项。通过单击每个选项卡进入相应的功能区,切换显示的命令集。每个功能区根据功能的不同又分为若干个命令组,这些功能区及命令组涵盖了Excel的各种功能。

某些组的右下角包含功能扩展按钮,用鼠标指向该按钮时,可以预览对应的对话框或者窗格,当单击该按钮时,可以弹出对应的对话框或窗格。

另外,用户可以根据需要添加"自定义"选项卡和功能区,例如,在"开始"选项卡和"插入"选项卡之间添加了"我的选项卡"选项卡,并设置了由"常用命令组"和"格式化命令组"组成的功能区。

通过执行"文件"→"选项"→"自定义功能区"命令,打开"Excel选项"对话框来定义自己的选项卡和功能区。方法是:单击"新建选项卡"按钮,可在"开始"选项卡之后增加一个名为"新建选项卡"的选项卡,再通过"重命名"按钮修改选项卡名字为"我的选项卡"。将"新建组"重命名为"常用命令组",再单击"新建组"按钮,再设置一个"新建组",重命名为"格式化命令组"。

从右侧的下拉列表框中选择"常用命令组"选项,从左侧的下拉列表框中选择"保存""查找""撤销"等选项,分别单击"添加"按钮,将这些命令添加到"常用命令"组中。选中"格式化命令组"选项,为其添加"编号""段落""字体""字号"等命令。最后单击"确定"按钮,完成设置。

5. 编辑区

编辑区也称为工作区,位于窗口的空白区域,可以编辑和查看文档。

6. 视图按钮

所谓视图,是指文档在Excel应用程序窗口中的显示形式。同一个文档在不同的视图下查看,文档的显示方式不同。

7. 缩放滑块

通过拖动滑块,改变显示百分比的设置来调整文档显示的比例。

1.4.3.2 掌握文档的创建、保存及打开

1. 创建文档

默认情况下,Excel 2010程序在打开的同时会自动新建一个空白文档,并暂时命名为"Sheet1"。除了这种自动创建文档的方法外,若在编辑文档的过程中还需要另外创建一个或多个新文档时,通过执行"文件"→"新建"→"空工作薄"命令,单击"创建"按钮,即可新建一个空白Excel文档。

2. 保存文档

无论是新建的文档，还是已有的文档，对其进行相应的编辑后都应及时保存，否则有时会因为操作不当、断电、死机或系统自动关闭等异常情况，造成编辑的文档内容丢失。

（1）对于新建的文档，单击"快速访问工具栏"中的"保存"按钮（或按 Ctrl+S 组合键），或通过选择"文件"→"保存"或"另存为"选项，都会打开"另存为"对话框。在对话框中设置文档的保存路径、文件名及保存类型，然后单击"保存"按钮即可。

文档的"保存路径"通过在对话框中左侧的导航窗口中选择"D盘"，再单击"新建文件夹"按钮，在 D 盘根目录下创建了一个名为"新建文件夹"的文件夹，将"新建文件夹"重新命名为"201721812012"学号文件夹，单击"打开"按钮，进入"201721812012"文件夹目录下，在对话框中为文档命名为"book1"文件名，"保存类型"默认为"Excel 工作薄"，单击"保存"按钮即可完成保存文档。

在"另存为"对话框的"保存类型"下拉列表框中，若选择"Excel 97-2003 文档"，可将 Excel 2010 制作的文档另存为 Excel 97-2003 兼容模式，这样可以通过早期版本的 Excel 程序打开并编辑该文档。

（2）对于已有的文档，与新建文档的保存方法相同，只是单击"快速访问工具栏"中的"保存"按钮（或按 Ctrl+S 组合键），或通过选择"文件"→"保存"选项。

而通过选择"文件"→"另存为"选项，会打开"另存为"对话框，可以将文档另存，即对文档进行备份，可将修改后的文档另存为一个新文档，而原文档还依然存在。有时因为误操作，没能将文档保存到 D 盘"201721812012"学号文件夹下，于是需要再进行"另存为"操作将文档进行正确保存。

3. 打开文档

要对已有的文档进行编辑，首先需要先将其打开。一般来说，可以双击桌面的"计算机"图标，进入该文档的存放路径，再双击文档图标即可将其打开。还可以通过选择"文件"→"打开"选项，就会弹出"打开"对话框。

文档的"打开路径"通过在对话框中左侧的导航窗口中选择"D盘"，再双击"201721812012"学号文件夹，再选择"book1"文件名，单击"打开"按钮，即可完成打开文档。

1.4.3.3 Excel 2010 基本操作

1. 创建和编辑工作表

从 A1 单元格开始，在 Sheet1 工作表中输入如图 1-40 所示的期末成绩统计表数据。

（1）单击单元格 A1，输入"期末成绩统计表"并按<Enter>键。

（2）在单元格 A3、A4 中分别输入"10401"和"10402"；选择单元格区域 A3：A4，移动鼠标至区域右下角，待指针由空心十字变成实心十字时（通常称这种状态为"填充控点"状态），按住左键向下拖曳鼠标至 A12 单元格。

（3）在单元格 A13、A14 中分别输入"最高分"和"平均分"。

（4）在 A15 中输入"分数段人数",然后输入其余部分数据。

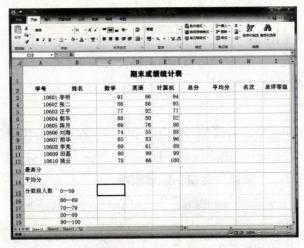

图 1-40　期末成绩统计表

2．选取单元格区域操作

（1）单个单元格的选取单击"Sheet2"工作表卷标，单击 B2 单元格即可选取该单元格。

（2）连续单元格的选取单击 B3 单元格，按住鼠标左键并向右下方拖动到 F4 单元格，则选取了 B3：F4 单元格区域；单击行号"4"，则第 4 行单元格区域全部被选取；若按住鼠标左键向下拖动至行号"6"，则第 4~6 行单元格区域全部被选取；单击列表"D"，则 D 列单元格区域全部被选取。使用同样方法，可以选取其他单元格区域。

（3）非连续单元格区域的选取先选取 B3：F4 单元区域，然后按住<Ctrl>键不放，再选取 D9、D13、E11 单元格，单击行号"7"，单击列号"H"，如图 1-41 所示。

3．单元格数据的复制和移动

（1）单元格数据的复制在 Sheet1 工作表中选取 B2：E4 单元格区域，单击"开始"功能区中的"复制"按钮或者单击鼠标右键执行"复制"命令，单击 Sheet2 工作表标签后单击 A1 单元格，单击"开始"功能区中的"粘贴"按钮或者单击鼠标右键选择"粘贴"选项，就可完成复制工作。

（2）单元格数据的移动选取 Sheet2 工作表中的 A1：D3 单元格区域，将鼠标移到区域边框上，当指针变为十字方向箭头时，按

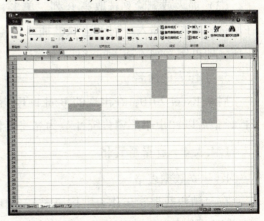

图 1-41　非连续单元格区域的选取

住鼠标左键拖动至 B5 单元格开始的区域,即可完成移动操作。若拖动的同时,按住<Ctrl>键不放,则执行复制操作。

4. 单元格区域的插入与删除

(1) 插入或删除单元格。

①在 Sheet1 工作表中,右键单击 B2 单元格,在弹出的快捷菜单中执行"插入"命令,打开如图 1-42 所示的"插入"对话框,单击"活动单元格下移"单选按钮,观察姓名一栏的变化。

②选取 B2 和 B3 单元格,右键单击对应的单元格,在弹出的快捷菜单中执行"删除"命令,打开如图 1-43 所示的"删除"对话框,单击"下方单元格上移"单选按钮,观察工作表的变化。最后双击"撤销"按钮,恢复原样。

图 1-42 "插入"对话框　　图 1-43 "删除"对话框

(2) 插入或删除行选取第 3 行,单击"开始"→"单元格"→"插入"按钮,即可在所选行的上方插入一行。选取已插入的空行,单击"开始"→"单元格"→"删除"按钮,即可删除刚才插入的空行。

选取第 1 行,插入两行空行,在 A1 单元格中输入"学生成绩表",选取 A1:E1 区域,再单击"开始"→"对齐方式"→"合并后居中"按钮。

(3) 插入或删除列选取第 B 列,单击"开始"→"单元格"→"插入"按钮,即可在所选列的左边插入一列。选取已插入的空列,单击"开始"→"单元格"→"删除"按钮,即可删除刚才插入的空列。

5. 工作表的命名

启动 Excel 2010,在出现的 Book1 工作簿中双击 Sheet1 工作表标签,更名为"销售资料",最后以"上半年销售统计"为名将工作簿保存在硬盘上。

1.4.3.4 数据格式化

1. 建立数据表格

在"销售数据"工作表中按照图 1-44 所示样式建立未格式化的数据表格。其中,在 A3 单元格中输入"一月"后,可用填充控点拖动到 A8,自动填充"二月"~"六月"。

2. 调整表格的行高与列宽

按<Ctrl+A>组合键选中整张工作表,单击"开始"→"单元格"→"格式"按钮,

图 1-44　建立未格式化的数据表格

执行"行高"命令，在"行高"对话框的文本框中输入 18，单击"确定"按钮，用类似的方法设置列宽为 14。

3．标题格式设置

（1）选取 A1：H1，然后单击"开始"→"对齐方式"→"合并后居中"按钮，使之成为居中标题。双击标题所在单元格，将鼠标指针定位在"公司"文字后面，按<Alt+Enter>组合键，则标题文字占据两行。

（2）选择"格式"与"单元格"命令，将弹出如图 1-45 所示的"设置单元格格式"对话框，选择"字体"选项卡，将字号设为 16，颜色设为红色。

4．设置单元格文本对齐方向

选中 A3 单元格，单击"开始"→"单元格"→"格式"按钮，执行"设置单元格格式"命令，在"单元格格式"对话框中选择"对齐"选项卡，在"水平对齐"和"垂直对齐"下拉列表框中选择"居中"选项。用同样的方法将其余单元格中文字的水平方向和垂直方向设置为居中。

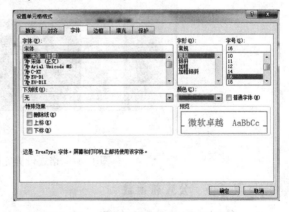

图 1-45　"设置单元格格式"对话框

5．数字格式设置

因为数字区域是销售额数据，所以应该将它们设置为"货币"格式。选取 B3：H12 区域，单击格式工具栏上的"货币样式"按钮，如图 1-46 所示。

图 1-46 数字格式设置

6. 设置边框和底纹

选取表格区域所有单元格，单击"开始"→"单元格"→"格式"按钮，执行"设置单元格格式"命令，在"单元格格式"对话框中选择"边框"选项卡，设置"内部"为细线，"外边框"为粗线。

为了使表格的标题与数据以及源数据与计算数据之间区分明显，可以为它们设置不同的底纹颜色。选取需要设置颜色的区域，在"单元格格式"对话框中选择"图案"选项卡，设置颜色。以上设置全部完成后，表格效果如图 1-47 所示。

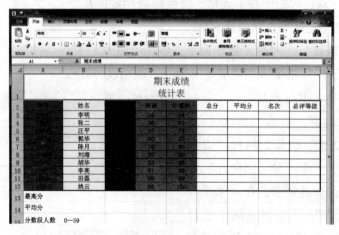

图 1-47 格式设置完成后的数据表格

1.4.3.5 公式和函数

1. 使用"自动求和"按钮

在原工作表中，F3 单元格需要计算每位学生的总分数，可用"自动求和"按钮来完成。操作步骤如下：

（1）单击 F3 单元格。

（2）单击常用工具栏上的"开始"→"编辑"→"自动求和"按钮 Σ 自动求和·，屏幕上出现求和函数 SUM 以及求和数据区域，如图 1-48 所示。

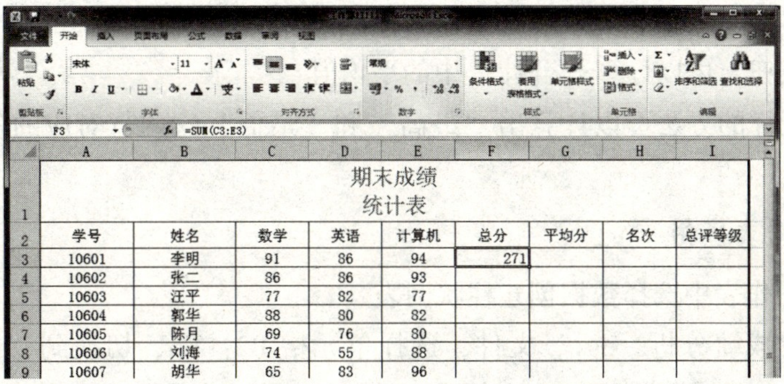

图 1-48 单击"自动求和"按钮后出现的函数样式

（3）观察数据区域是否正确，若不正确请重新输入数据区域或者修改公式中的数据区域。

（4）单击编辑栏上的"√"按钮，F3 单元格显示对应结果。

（5）F3 单元格结果出来之后，利用"填充控点"拖动鼠标一直到 F8，可以将 F3 中的公式快速复制到 F4：F8 区域。

（6）采用同样的方法，可以计算出"合计"一列对应各个单元格的计算结果。

2. 常用函数的使用

在成绩表中，G3 单元格需要计算每位学生的平均成绩，可用 AVERAGE 函数来完成。操作步骤如下：

（1）单击 G3 单元格。

（2）单击常用工具栏上的"开始"→"编辑"→"自动求和"按钮旁的黑色三角，在下拉列表中选择"平均值"选项，屏幕上出现求平均值函数 AVERAGE 以及求平均值数据区域，如图 1-49 所示。

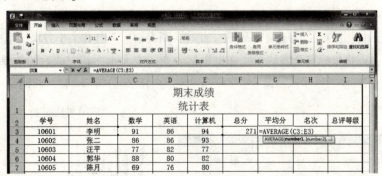

图 1-49 单击"平均值"按钮后出现的函数样式

（3）观察数据区域是否正确。

（4）单击编辑栏上的"√"按钮，G3 单元格显示对应结果。

（5）G3 单元格结果出来之后，利用"填充控点"拖动鼠标一直到 G8，可以将 G3 中的公式快速复制到 G4：G8 区域。

（6）单击 G10 单元格，在编辑栏中输入公式"=AVERAGE（G3：G8）"，单击编辑栏上的"√"按钮，可以计算"合计"中的平均值。

（7）采用同样的方法可以计算出"最高"和"最低"这两行对应的各个单元格的计算结果。

1.4.3.6 图表应用

1. 在当前工作表中选择数据创建柱状图表

（1）打开"成绩分析.xlsx"文件，选择单元格 B2：E6，切换到"插入"功能区，单击"图表"按钮，打开如图 1-50 所示的"插入图表"对话框。

（2）选择"柱形图"选项，单击"确定"按钮，在图表中右击，在弹出的快捷菜单中执行"选择数据源"命令，打开如图 1-51 所示的"选择数据源"对话框，单击"确定"按钮。

图 1-50 "插入图表"对话框

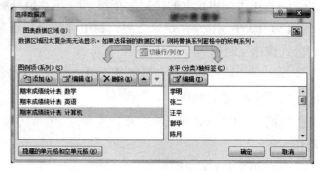
图 1-51 "选择数据源"对话框

（3）在"图表工具"栏中单击"布局"按钮，弹出如图 1-52 所示的"布局"命令框。选择"图表标题"，填入"成绩对比分析"字样，选择"坐标轴标题"，在"主要横坐标轴标题"栏中填入"姓名"，在"主要纵坐标轴标题"栏中填入"成绩"。

（4）单击图表空白处，即选定了图表。此时，图表边框上有 8 个小方块，拖曳鼠标移动图表至适当位置；或将鼠标移到方块上，拖曳鼠标改变图表大小，其完成后的效果如图 1-53 所示。执行"文件"→"另存为"命令，输入文件名为"成绩分析 new1"，将结果存盘。

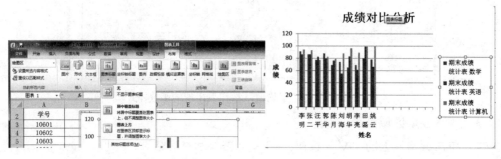

图 1-52 "布局"命令框　　　　　　图 1-53 完成后的效果

2. 修改图表类型为折线图

再次激活图表，单击"图表工具"→"设计"→"类型"→"更改图表类型"按钮（见图1-54），弹出"更改图表类型"对话框，如图1-55所示。选择"折线图"的第一个图，完成后的折线图效果如图1-56所示。执行"文件"→"另存为"命令，输入文件名为"成绩分析new2"，将结果存盘。

图1-54 更改图表类型

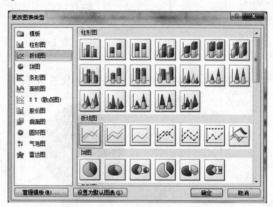

图1-55 "更改图表类型"对话框

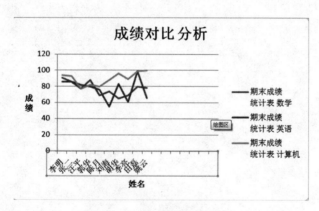

图1-56 完成后的折线图

3. 创建饼图

（1）打开"成绩分析.xlsx"文件，选择单元格B15：C19，单击"插入"→"图表"→"饼图"按钮，选择第一个，如图1-57所示。单击饼图，选择"图表工具"→"设计"→"图表布局"选项，选择布局6，如图1-58所示。

（2）在饼图中修改图表标题为"数学成绩分析表"，最终完成的饼图效果如图1-59所示。

（3）用相同的方法制作出英语和计算机两门课程成绩的饼状分析图。执行"文件"→"另存为"命令，输入文件名为"成绩分析new3"，将结果存盘。

图 1-57 "饼图"菜单

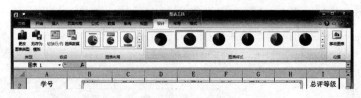
图 1-58 "图表布局"菜单

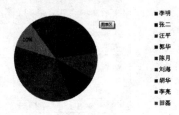
图 1-59 最终完成后的饼图效果

实训 1.5 演示幻灯片 PowerPoint 2010

1.5.1 实训目的与要求

(1) 熟悉制作演示文稿的过程。
(2) 掌握应用设计模板的方法与技巧。
(3) 熟悉在幻灯片中插入多媒体对象的方法。
(4) 熟悉对幻灯片页面内容的基本编辑技巧。
(5) 熟悉演示文稿的动画及放映设置。
(6) 掌握幻灯片中图表的插入方法。

1.5.2 实训学时

4 学时。

1.5.3 实训内容

1.5.3.1 熟悉 PowerPoint 2010 的工作环境

单击桌面左下角的"开始"按钮,执行"所有程序"→"Microsoft Office"→"Microsoft PowerPoint 2010"命令,启动 PowerPoint 2010 后,了解并掌握图中各按钮或控件的名称及用途。

1. 快速访问工具栏

常用命令位于此处(如"保存""撤销"等),用户也可以添加个人常用命令。打开"自定义快速访问工具栏"下拉菜单,从中选择常用命令。若要取消"快速访问工具栏"中的常用命令,只需再次执行"自定义快速访问工具栏"下拉菜单中的命令,取消勾选即可。若需要添加"自定义快速访问工具栏"下拉菜单中没有的命令,则选择"其他命令"选项,进行添加。

2. 标题栏

显示正在编辑的文档的文件名和所使用的软件名。

3. "文件"菜单按钮

单击"文件"菜单按钮后,弹出的下拉菜单中有保存、另存为、打开、关闭、新建、打印预览和打印等基本命令,还有当前编辑文档的基本信息。

4. 选项卡和功能区

默认情况下选项卡包含"开始""插入""设计""动画""幻灯片放映""审阅"和"视图"7项。通过单击每个选项卡进入相应的功能区,切换显示的命令集。每个功能区根据功能的不同又分为若干个命令组,这些功能区及命令组涵盖了PowerPoint的各种功能。

某些组的右下角包含功能扩展按钮,用鼠标指向该按钮时,可以预览对应的对话框或者窗格,当单击该按钮时,可以弹出对应的对话框或窗格。

另外,用户可以根据需要添加"自定义"选项卡和功能区,例如,在"开始"选项卡和"插入"选项卡之间添加了"我的选项卡"选项卡,并设置了由"常用命令组"和"格式化命令组"组成的功能区。

通过执行"文件"→"选项"→"自定义功能区"命令,打开"PowerPoint 选项"对话框来定义自己的选项卡和功能区。方法是:单击"新建选项卡"按钮,可在"开始"选项卡之后增加一个名为"新建选项卡"的选项卡,再通过"重命名"按钮修改选项卡名字为"我的选项卡"。将"新建组"重命名为"常用命令组",再单击"新建组"按钮,再设置一个"新建组",重命名为"格式化命令组"。

从右侧的下拉列表框中选择"常用命令组"选项,从左侧的下拉列表框中选择"保存""查找""撤销"等选项,分别单击"添加"按钮,将这些命令添加到"常用命令组"中。选中"格式化命令组"选项,为其添加"编号""段落""字体""字号"等命令。最后单击"确定"按钮,完成设置。

5. 编辑区

编辑区也称为工作区,位于窗口的空白区域,可以编辑和查看文档。

6. 视图按钮

所谓视图,是指文档在PowerPoint应用程序窗口中的显示形式。同一个文档在不同的视图下查看,文档的显示方式不同。

7. 缩放滑块

通过拖动滑块,改变显示百分比的设置来调整文档显示的比例。

1.5.3.2 掌握文档的创建、保存及打开

1. 创建文档

默认情况下,PowerPoint 2010程序在打开的同时会自动新建一个空白文档,并暂时命名为"Sheet1"。除了这种自动创建文档的方法外,若在编辑文档的过程中还需要另外创建一个或多个新文档时,通过执行"文件"→"新建"→"空白演示文稿"命令,单击

"创建"按钮，即可新建一个空白 PowerPoint 文档。

2. 保存文档

无论是新建的文档，还是已有的文档，对其进行相应的编辑后都应及时保存，否则有时会因为操作不当、断电、死机或系统自动关闭等异常情况，造成编辑的文档内容丢失。

（1）对于新建的文档，单击"快速访问工具栏"中的"保存"按钮（或按 Ctrl+S 组合键），或通过选择"文件"→"保存"或"另存为"选项，都会打开"另存为"对话框。在对话框中设置文档的保存路径、文件名及保存类型，然后单击"保存"按钮即可。

文档的"保存路径"通过在对话框中左侧的导航窗口中选择"D 盘"，再单击"新建文件夹"按钮，在 D 盘根目录下创建了一个名为"新建文件夹"的文件夹，将"新建文件夹"重新命名为"201721812012"学号文件夹，单击"打开"按钮，进入"201721812012"文件夹目录下，在对话框中为文档命名为"演示文稿1"文件名，"保存类型"默认为"PowerPoint 工作簿"，单击"保存"按钮即可完成保存文档。

在"另存为"对话框的"保存类型"下拉列表框中，若选择"PowerPoint 97-2003 演示文稿"，可将 PowerPoint 2010 制作的文档另存为 PowerPoint 97-2003 兼容模式，这样可以通过早期版本的 PowerPoint 程序打开并编辑该文档。

（2）对于已有的文档，与新建文档的保存方法相同，只是单击"快速访问工具栏"中的"保存"按钮（或按 Ctrl+S 组合键），或通过选择"文件"→"保存"选项。

而通过选择"文件"→"另存为"选项，会打开"另存为→对话框，可以将文档另存，即对文档进行备份，可将修改后的文档另存为一个新文档，而原文档还依然存在。有时因为误操作，没能将文档保存到 D 盘"201721812012"学号文件夹下，于是需要再进行"另存为"操作将文档进行正确保存。

3. 打开文档

要对已有的文档进行编辑，首先需要先将其打开。一般来说，可以双击桌面的"计算机"图标，进入该文档的存放路径，再双击文档图标即可将其打开。还可以通过选择"文件"→"打开"选项，就会弹出"打开"对话框。

文档的"打开路径"通过在对话框中左侧的导航窗口中选择"D 盘"，双击"201721812012"学号文件夹，再选择"演示文稿1"文件名，单击"打开"按钮，即可完成打开文档。

1.5.3.3 演示文稿的基本操作

创建新的演示文稿，执行"文件"→"新建"命令，打开"新建"对话框，如图 1-60 所示。最常用的创建新演示文稿的方法有以下三种：

（1）使用"样本模板"或"Office.com 模板"创建演示文稿。

①单击"样本模板"按钮，它提供了多种不同主题及结构的演示文稿示范，如都市相册、古典型相册、宽屏演示文稿、培训、现代型相册、项目状态报告、小测验短片、宣传

图 1-60 "新建"对话框

手册。可以直接使用这些演示文稿类型进行创建所需的演示文稿。"样本模板"窗口如图 1-61 所示。

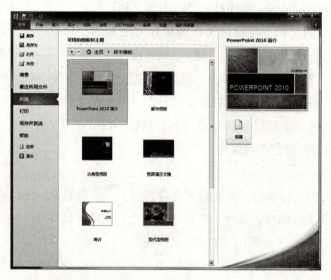

图 1-61 样本模板

②单击"Office.com 模板",它提供了多种不同类型演示文稿示范,如报表、表单表格、贺卡、库存控制、证书、奖状、信件及信函等,如图 1-62 所示。可以直接单击这些演示文稿类型,计算机将从 Office.com 上下载模板,即可创建所需的演示文稿。

(2) 使用"主题"功能创建演示文稿应用设计模板,可以提供完整、专业的外观,内容灵活自主定义的演示文稿。可用的模板和主题如图 1-63 所示。操作步骤如下:

①在"Office 主题"对话框中,单击任意一个类型,即可进入对应主题的演示文稿的编辑。

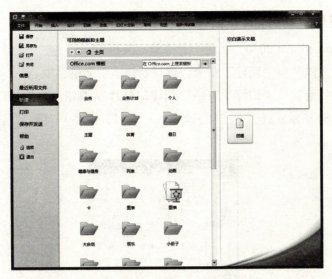

图 1-62 Office.com 模板

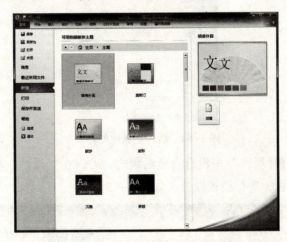

图 1-63 可用的模板和主题

②执行"开始"→"幻灯片"→"版式"命令，从多种版式中为新幻灯片选择需要的版式。

③在幻灯片中输入文本，插入各种对象。然后建立新的幻灯片，再选择新的版式。

(3) 建立空白演示文稿。使用不含任何建议内容和设计模板的空白幻灯片制作演示文稿。操作步骤如下：

①在"新建演示文稿"窗口中单击"空演示文稿"按钮，新建一个默认版式的演示文稿。

②执行"开始"→"幻灯片"→"版式"命令，从多种版式中为新幻灯片选择需要的版式。

③在幻灯片中输入文本，插入各种对象。然后建立新的幻灯片，再选择新的版式。

1.5.3.4 前期简单的编辑操作

（1）启动 PoweerPoint 2010，新建一个"演示文稿1"。

（2）执行"文件"→"新建"命令，选择新建演示文稿类型。

（3）单击"开始"→"幻灯片"→"新建幻灯片"按钮，选择幻灯片版式插入演示文稿中，如图1-64所示。或者单击"开始"→"幻灯片"→"版式"按钮，选择幻灯片版式。

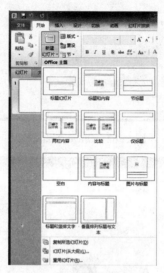

图1-64 插入"新建幻灯片"

（4）若在"幻灯片版式"中没有合适的版式，可以在"设计"功能区的"主题"组中打开幻灯片设计模板，进行模板设计，如图1-65所示。

图1-65 幻灯片版式设计

（5）选中幻灯片进行编辑操作，添加标题栏和文本。完成后的效果如图1-66所示。

（6）保存"演示文稿1"并退出演示文稿。

1.5.3.5 后期插入图表操作

1. 在图表中插入数据

（1）打开演示文稿1，执行"开始"→"幻灯片"→"版式"命令，选择其中含有图表的版式样式，单击"确定"按钮，版式样式的应用如图1-67所示。

（2）移动鼠标至添加标题文本框，单击并输入"家电商场本年度销售统计表（万元）"。选中这些文字将字体设置成"新魏"，字体颜色设置成"棕红色"，并为标题添加"浅绿色"背景。

图 1-66　对幻灯片进行编辑操作完成后的效果

（3）双击添加图表框，弹出图表样式和数据表编辑区。在数据表中按图 1-68 给出的数据修改原数据表的模拟数据。

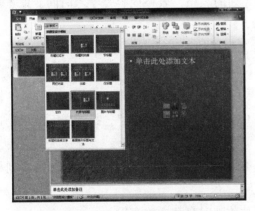

图 1-67　版式样式应用

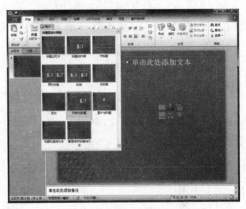

图 1-68　样式数据表格

2．修改图表样式

（1）在图表区域任意位置右击，在弹出的快捷菜单中选择"三维旋转"选项，弹出"设置图表区格式"对话框，选中"三维旋转"项。

（2）将"X"和"Y"文本框都改为 25，单击"关闭"按钮。

（3）双击图标区域中的某个柱体（注意此时四个季度均被选中），弹出"数据系列格式"对话框。选择"填充"项，选中一种颜色，单击"确定"按钮。

（4）按以上方法依次将电冰箱、洗衣机、空调、电视机设置成红、蓝、黄、绿四种颜色。

（5）右击背景墙，在弹出的快捷菜单中执行"设置背景墙格式"命令，弹出"设置背景墙格式"对话框，选择"填充"中的"纯色填充"，此处设置为"浅黄色"。

（6）查看修改图表的最后效果。

1.5.3.6 综合应用实验：自我介绍演示文稿

（1）新建空白演示文稿。

（2）选择"设计"→"主题"中的"都市相册"主题进行添加。要求如下：

①采用"标题幻灯片"版式。

②标题为"自我介绍"，文字分散对齐，字体为"华文琥珀"、60磅、加粗；副标题为本人姓名，文字居中对齐，字体为"黑体"、32磅、加粗。

（3）添加演示文稿第2页的内容。要求如下：

①采用"标题和内容"的版式。

②标题为"基本情况"；文本处是一些个人信息；剪贴画选择所喜欢的图片或照片。

（4）添加演示文稿第3页的内容。要求如下：

①采用"标题和内容"的版式。

②标题为"学习经历"；表格是一个4行3列的表格，表格内容是学习时间、地点与阶段，并将第一行文字加粗、所有内容居中对齐。

（5）在演示文稿第2页前插入一张幻灯片。要求如下：

①采用"空白"版式。

②插入艺术字"初次见面，请多关照"，采用"艺术字"库中第5行第3列样式。输入对应的文字，单击"艺术字"，在"格式"中选择"艺术字样式"，找到文字效果，选用"转换"中的"波形1"。

③单击"形状"中的"棱台"，添加"基本情况"和"学习经历"，分别超链接到相应的幻灯片中。

④插入一个节奏欢快的声音文件，当幻灯片放映时自动播放音乐。

（6）为每一页演示文稿添加日期、页脚和幻灯片编号。其中日期设置为"可以自动更新"，页脚为"张三自我介绍"，三者的字号大小均为24磅。调整日期、页脚和幻灯片编号的位置，添加后第1张幻灯片效果。

（7）为演示文稿的最后一页设置背景为"白色大理石"的纹理填充效果。

（8）选中演示文稿第3张幻灯片中的标题，单击"动画"→"高级动画"→"添加动画"按钮，在下拉列表中选择"更多进入效果"中的"挥鞭式"选项。单击"动画窗格"按钮，设置"效果选项"中声音为"硬币"，选择"单击鼠标"时发生；图片采用"玩具风车"动画，在前一事件之后发生；文本内容采用"展开"的动画效果逐项显示，在"从上一项之后开始"2秒后发生。

（9）将全部幻灯片的切换效果设置为"形状"，声音为"风铃"，换片方式为每隔5秒自动换片。

(10) 根据自己的喜好继续美化和完善演示文稿。

在"设置幻灯片放映"中,将演示文稿放映方式分别设置为"演讲者放映""观众自行浏览""在展台浏览"及"循环放映",按<Esc>键终止,观察放映效果。最后将演示文稿以文件名"P1.ppt"保存在 D 盘中。

实训1.6　计算机网络基础知识

1.6.1　实训目的与要求

（1）掌握 IE9 的基本使用方法。
（2）掌握常用搜索引擎的基本使用方法。
（3）掌握电子邮件账号的设置方法及收发电子邮件的基本方法。

1.6.2　实训学时

6 学时。

1.6.3　实训内容

1.6.3.1　浏览 Web 信息的内容，保存文本、图片、网页

（1）在 IE9 的地址栏中输入一个网址，按<Enter>键，可以浏览指定的网页。
（2）在 Web 信息页面单击"超链接"，可以"畅游"Internet。
（3）对有用的网页，可以把它添加到收藏夹，进行长期保存。
（4）如果只保存文本内容，可以选中需要的文本内容，执行"编辑"→"复制"命令，或单击右键，在弹出的快捷菜单中执行"复制"命令，再打开一个文字处理软件，粘贴、保存一个新文件。
（5）如果只保存图片，可以选中图片，单击鼠标右键，在快捷菜单中执行"图片另存为"命令，把它保存到指定位置。

1.6.3.2　使用"百度"搜索"家用电器"及"空调"的信息

（1）打开 IE，在地址栏中输入"http：//www.baidu.com"。
（2）如果链接成功，将显示百度网站主页，如图 1-69 所示。
（3）在文本框中输入"家用电器"，按<Enter>键或单击"百度一下"按钮，此时，在浏览器中将显示搜索到的与"家用电器"相关的网站及新闻标题，如图 1-70 所示。单击网站的名称即可进入相关网站。

图 1-69　百度网站主页

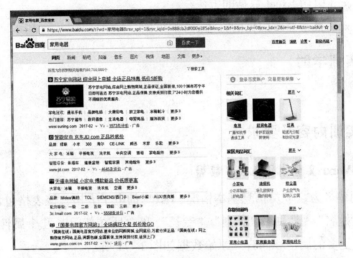

图 1-70　搜索到的与"家用电器"相关的网站及新闻标题

实训 1.7　Excel 数据技巧实训

1.7.1　实训目的

（1）掌握 Word 引用 Excel 数据的方法。

（2）掌握 Excel 批量修改数据的方法。

1.7.2　实训学时

2 学时。

1.7.3　实训内容及要求

1.7.3.1　Word 文档引用 Excel 数据

（1）首先创建名为" 职员信息基本情况 . xlsx" 的电子表格，该表格包含若干条记录，每条记录包括“姓名”“性别”“级别”“专长”和“所在部门”几个属性。在具体应用时，可能会包含更多的属性和内容。原始数据如图 1-71 所示。

职员信息基本情况				
姓名	性别	级别	专长	所在部门
张三	男	高级	软件工程师	开发部
李四	女	中级	网络维护	营运部
王五	女	中级	动漫设计	设计部
申六	男	初级	网络策划	策划部
陈七	女	中级	方案规划	规划部

图 1-71　要录入的数据

（2）原始数据准备好后，下一步要做的工作就是在 Word 中引用 Excel 中的数据。具体实现方法是：首先在 Excel 文档中选择并复制要引用的数据区域，然后在 Word 文档中选项“开始”，单击“粘贴”下拉列表，从中选择“选择性粘贴”选项，在弹出的窗口中选择“粘贴链接”选项，并在右侧选择“Microsoft Office Excel 工作表对象”，单击“确定”按钮后完成引用 Excel 数据操作，如图 1-72 所示。

（3）如果要将图 1-73 中“级别”属性中的“高级”改为“一级”，则会发现 Word 文档相应的内容也会立即发生改变，从而实现了数据的同步更新，如图 1-74 所示。

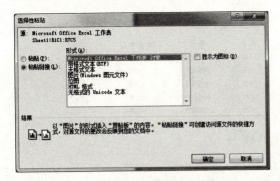

图 1-72 选择性粘贴对话框

职员信息基本情况

姓名	性别	级别	专长	所在部门
张三	男	高级	软件工程师	开发部
李四	女	中级	网络维护	营运部
王五	女	中级	动漫设计	设计部
申六	男	初级	网络策划	策划部
陈七	女	中级	方案规划	规划部

图 1-73 粘贴到 Word 里的效果

职员信息基本情况

姓名	性别	级别	专长	所在部门
张三	男	一级	软件工程师	开发部
李四	女	中级	网络维护	营运部
王五	女	中级	动漫设计	设计部
申六	男	初级	网络策划	策划部
陈七	女	中级	方案规划	规划部

职员信息基本情况

姓名	性别	级别	专长	所在部门
张三	男	一级	软件工程师	开发部
李四	女	中级	网络维护	营运部
王五	女	中级	动漫设计	设计部
申六	男	初级	网络策划	策划部
陈七	女	中级	方案规划	规划部

图 1-74 同步效果显示

1.7.3.2 批量修改数据

在 Excel 表格数据都已经填好的情况下，如何方便地对任一列（行）的数据进行修改？

（1）打开做好的任一 Excel 表格，按图 1-75 所示填好数据。

职员信息基本情况

职工号	姓名	性别	级别	专长	所在部门
100000001	张三	男	一级	软件工程师	开发部
100000002	李四	女	中级	网络维护	营运部
100000003	王五	女	中级	动漫设计	设计部
100000004	申六	男	初级	网络策划	策划部
100000005	陈七	女	中级	方案规划	规划部

图 1-75 填好的数据表

（2）在想要修改的列（假设为 A 列）的旁边，插入一个临时的新列（B 列），并在 B 列的第一个单元格（B2）里输入 8，如图 1-76 所示。

（3）把鼠标放在 B1 的右下角，待其变成十字形后往下拉直到所需的数据长度，此时 B 列所有的数据都为 8。

（4）在 B 列上单击鼠标右键，“复制” B 列。

（5）在 A 列单击鼠标右键，在弹出的对话框中单击“选择性粘贴”按钮，在弹出的对话框中选择“运算”中的你所需要的运算符，在此我们选择“加”项，如图 1-77

1				职员信息基本情况			
2	职工号	8	姓名	性别	级别	专长	所在部门
3	100000001	8	张三	男	一级	软件工程师	开发部
4	100000002	8	李四	女	中级	网络维护	营运部
5	100000003	8	王五	女	中级	动漫设计	设计部
6	100000004	8	申六	男	初级	网络策划	策划部
7	100000005	8	陈七	女	中级	方案规划	规划部

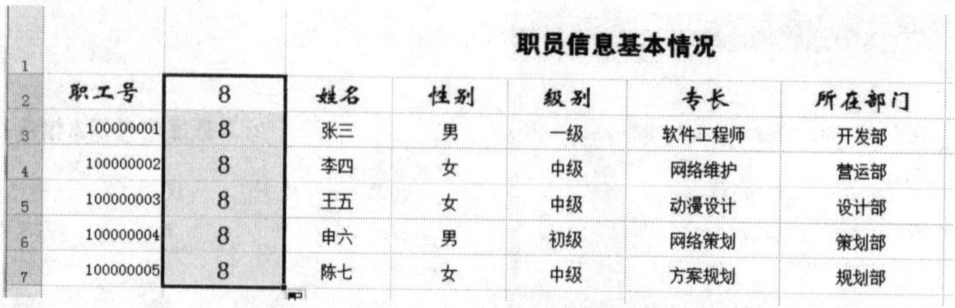

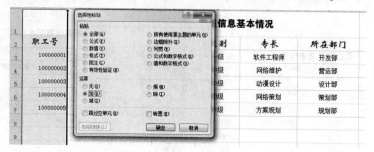

图 1-76　添加的 B 列

所示。

（6）将 B 列删除，就完成了数据表的批量修改，如图 1-78 所示。

图 1-77　选择性粘贴

1				职员信息基本情况		
2	职工号	姓名	性别	级别	专长	所在部门
3	100000009	张三	男	一级	软件工程师	开发部
4	100000010	李四	女	中级	网络维护	营运部
5	100000011	王五	女	中级	动漫设计	设计部
6	100000012	申六	男	初级	网络策划	策划部
7	100000013	陈七	女	中级	方案规划	规划部

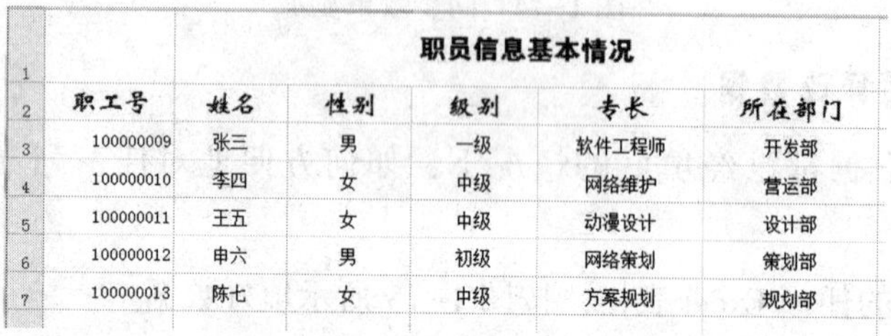

图 1-78　批量修改好的数据表

下 篇
习题训练

第1章

人間関係

习题2.1　计算机基础知识

1. 单项选择题

（1）计算思维中的抽象包括：求解问题所采用的一般（　　）方法；现实中巨大复杂系统的设计与评估的一般工程思维方法；复杂性、智能、心理、人类行为的理解等一般科学思维方法。

　　A. 数学思维　　　B. 理想思维　　　C. 抽象思维　　　D. 文明思维

（2）思维的基本特征包括思维的间接性和概括性。思维的（　　）是建立事物之间的联系，把有相同性质的事物抽取出来，对其加以概括并得出认识。

　　A. 概括性　　　B. 间接性　　　C. 间接性和概括性　D. 主体

（3）（　　）是运用计算机科学的基础概念进行问题求解、系统设计以及人类行为理解等涵盖计算机科学之广度的一系列思维活动。

　　A. 计算思维　　　B. 抽象思维　　　C. 经验思维　　　D. 理论思维

（4）（　　）是通过约简、嵌入、转化和仿真等方法，把一个困难的问题阐释为如何求解它的思维方法。

　　A. 经验思维　　　B. 理论思维　　　C. 抽象思维　　　D. 计算思维

（5）计算思维中的抽象完全超越物理的时空观，并完全用符号来表示，其中，数字抽象只是一类特例。计算机科学是（　　）的学问，着重研究什么是可计算的以及怎样去计算。

　　A. 科学发明　　　B. 计算　　　C. 应用　　　D. 操作

（6）计算思维建立在计算过程的能力和限制之上，由（　　）执行。

　　A. 人与机器　　　B. 人　　　C. 机器　　　D. 人脑

（7）（　　）是思维主体处理信息及意识的活动，是人脑对客观事物间接的和概括的反映。

　　A. 知识　　　B. 信息　　　C. 人类　　　D. 思维

（8）具有多媒体功能的微型计算机系统常用DVD-ROM作为外存储器，它是（　　）。

　　A. 只读内存储器　B. 只读大容量软盘　C. 只读硬盘　　　D. 只读光盘

（9）若发现某张U盘已经感染病毒，可（　　）。

A. 将该 U 盘报废

B. 换一台计算机再使用该 U 盘上的文件

C. 将该 U 盘上的文件复制到另一张 U 盘上使用

D. 用杀毒软件清除该 U 盘上的病毒或在确认无病毒的计算机上格式化该 U 盘

(10) 运算器的组成部分不包括(　　)。

A. 控制线路　　B. 译码器　　　C. 加法器　　　D. 寄存器

(11) 用高级程序设计语言编写的程序称为(　　)。

A. 目标程序　　B. 可执行程序　C. 源程序　　　D. 伪代码程序

(12) RAM 具有的特点是(　　)。

A. 少量存储

B. 存储在其中的信息可以永久保存

C. 一旦断电,存储在其上的信息将全部消失且无法恢复

D. 存储在其中的数据不能改写

(13) 计算机的软件系统可分为(　　)。

A. 程序的数据　　　　　　　B. 操作系统和语言处理系统

C. 程序、数据和文档　　　　D. 系统软件和应用软件

(14) 下列关于存储器的叙述中正确的是(　　)。

A. CPU 能直接访问存储在内存中的数据,也能直接访问存储在外存中的数据

B. CPU 不能直接访问存储在内存中的数据,能直接访问存储在外存中的数据

C. CPU 只能直接访问存储在内存中的数据,不能直接访问存储在外存中的数据

D. CPU 既不能直接访问存储在内存中的数据,也不能直接访问存储在外存中的数据

(15) (　　)是指专门为某一应用目的而编制的软件。

A. 系统软件　　B. 数据库软件　C. 操作系统　　D. 应用软件

(16) 操作系统是一种(　　)。

A. 系统软件　　　　　　　　B. 操作规范

C. 语言编译程序　　　　　　D. 面板操作程序

(17) 通常所说的"一个计算机系统"是指(　　)。

A. 硬件和固件　　　　　　　B. CPU 和外部设备

C. 系统软件和数据库　　　　D. 计算机的硬件和软件系统

(18) 关于计算机病毒的传播途径,下列说法中不正确的是(　　)。

A. 通过软件的复制　　　　　B. 通过共用 U 盘

C. 通过计算机网络　　　　　D. 与有毒盘共同存放

(19) 程序是指(　　)。

A. 指令的集合　B. 数据的集合　C. 文本的集合　D. 信息的集合

(20) 应用软件是指(　　)。

A. 所有能够使用的软件

B. 能被各应用单位共同使用的某种软件

C. 所有微型计算机上都应使用的基本软件

D. 专门为某一应用目的而编制的软件

(21) 微型计算机的核心部件是(　　)。

A. I/O 设备　　B. 外存　　C. 中央处理器　　D. 存储器

(22) 在微型计算机硬件系统中执行算术运算和逻辑运算的部件为(　　)。

A. 运算器　　B. 控制器　　C. 存储器　　D. 译码器

(23) 硬盘和 U 盘是目前常见的两种存储媒体,在第一次使用时(　　)。

A. 都必须先进行格式化　　　　B. 可直接使用,不必进行格式化

C. 只有 U 盘才必须进行格式化　　D. 只有硬盘才必须进行格式化

(24) 早期的计算机采用(　　),所有的指令、数据都用 1 和 0 来表示。

A. 机器语言　　　　　　　　B. BASIC 语言

C. 数据库语言　　　　　　　D. 阿拉伯数字语言

(25) 通常说的 16 位、32 位个人计算机,其中的位数由(　　)决定。

A. 存储器　　B. 显示器　　C. 中央处理器　　D. 硬盘

(26) 安装、连接计算机各个部件时应(　　)。

A. 先洗手　　B. 切断电源　　C. 接通电源　　D. 通电预热

(27) 对于重要的计算机系统,在更换操作人员时,应当(　　)系统的密码。

A. 立即改变　　B. 一周内改变　　C. 一个月内改变　　D. 3 天内改变

(28) 个人计算机内存的大小主要由(　　)决定。

A. RAM 芯片的容量　　　　　B. 软盘的容量

C. 硬盘的容量　　　　　　　D. CPU 的位数

(29) 在个人计算机系统中,常见的外存储器有(　　)和(　　)。

A. 光盘存储系统　　　　　　B. 随机存取存储器 RAM

C. 磁盘存储系统　　　　　　D. 只读存储器 ROM

(30) 将个人计算机的供电线路与大的动力设备用电线路分开,主要是为了避免(　　)。

A. 突然停电造成损失　　　　B. 耗电量变大

C. 供电线路发热　　　　　　D. 外电源的波动和干扰信号太强

(31) 在计算机工作时不能用物品覆盖、阻挡个人计算机的显示器和主机箱上的孔,这是为了(　　)。

A. 减少机箱内的静电积累　　B. 有利于机内通风散热

C. 有利于清除机箱内的灰尘　　　　　D. 减少噪声

(32) 32位微处理器中的32表示的技术指标是(　　)。
A. 字节　　　　B. 容量　　　　C. 字长　　　　D. 二进制位

(33) 运算器可以完成算术运算和(　　)运算等操作运算。
A. 函数　　　　B. 指数　　　　C. 逻辑　　　　D. 统计

(34) <Enter>键是(　　)。
A. 输入键　　　B. 回车换行键　C. 空格键　　　D. 换档键

(35) DRAM存储器的中文含义是(　　)。
A. 静态随机存取存储器　　　　　B. 动态随机存取存储器
C. 静态只读存储器　　　　　　　D. 动态只读存储器

(36) 某单位的财务管理软件属于(　　)。
A. 工具软件　　B. 系统软件　　C. 编辑软件　　D. 应用软件

(37) 在内存中,每个基本单位都被赋予唯一的序号,这个序号称之为(　　)。
A. 字节　　　　B. 编号　　　　C. 地址　　　　D. 容量

(38) 计算机所有信息的存储都采用(　　)。
A. 二进制　　　B. 八进制　　　C. 十进制　　　D. 十六进制

(39) 微型计算机的内存储器是按(　　)编址的。
A. 十进制　　　B. 字节　　　　C. 字长　　　　D. 十进制位

(40) 第一台电子计算机是1946年在美国研制的,该机的英文缩写是(　　)。
A. ENIAC　　　B. EDVAC　　　C. EDSAC　　　D. MARK-IIA

(41) 下面有关计算机的叙述中,正确的是(　　)。
A. 计算机的主机只包括CPU
B. 计算机程序必须装载到内存中才能执行
C. 计算机必须具有硬盘才能工作
D. 计算机键盘上字母键的排列方式是随机的

(42) 在微型计算机的硬件设备中,既可作为输出设备,又可作为输入设备的是(　　)。
A. 绘图仪　　　B. 扫描仪　　　C. 手写笔　　　D. 磁盘驱动器

(43) 把内存中的数据传送到计算机的硬盘,此操作称为(　　)。
A. 显示　　　　B. 读盘　　　　C. 输入　　　　D. 写盘

(44) 计算机硬件组成部分主要包括：运算器、存储器、输入设备、输出设备和(　　)。
A. 控制器　　　B. 显示器　　　C. 磁盘驱动器　D. 鼠标

(45) 操作系统是计算机系统中的(　　)。

A. 核心系统软件　　　　　　　　B. 关键的硬件部件
C. 广泛使用的应用软件　　　　　D. 外部设备

(46) 下列存储器中存取速度最快的是(　　)。

A. 内存　　　B. 硬盘　　　C. 光盘　　　D. 软盘

(47) 主机板上 BIOS 芯片的主要用途是(　　)。

A. 管理内存与 CPU 的通信

B. 增加内存的容量

C. 储存时间、日期、硬盘参数与计算机配置信息

D. 存放基本输入输出系统程序、引导程序和自检程序

(48) 显示器显示图像的清晰程度,主要取决于显示器的(　　)。

A. 对比度　　　B. 亮度　　　C. 尺寸　　　D. 分辨率

(49) 下面依次为输出设备、存储设备、输入设备的是(　　)。

A. CRT、CPU、ROM　　　　　B. 绘图仪、键盘、光盘
C. 绘图仪、光盘、鼠标　　　　D. 磁带、打印机、激光打印机

(50) 软盘驱动器的读写磁头是通过软盘上的(　　)读写的,应特别注意保护。

A. 索引孔　　　B. 写保护孔　　　C. 读写窗口　　　D. 护套

(51) 对于内存中的 RAM,其存储的数据在断电后(　　)丢失。

A. 部分　　　B. 不会　　　C. 全部　　　D. 可能

(52) 在计算机中,外部指令主要存放在(　　)中。

A. 寄存器　　　B. 存储器　　　C. 键盘　　　D. CPU

(53) 第一代计算机的主要部件是由(　　)构成的。

A. 电子管　　　B. 集成电路　　　C. 晶体管　　　D. 大规模集成电路

(54) 存储程序的概念是由(　　)提出的。

A. 贝尔　　　B. 巴斯卡　　　C. 爱迪生　　　D. 冯·诺依曼

(55) 目前使用的微型计算机硬件采用的电子器件主要是(　　)。

A. 真空　　　B. 晶体管　　　C. 集成电路　　　D. 超大规模集成电路

(56) 用计算机进行图书资料检索工作,属于计算机在(　　)方面的应用。

A. 科学计算　　　B. 数据处理　　　C. 人工智能　　　D. 实时控制

(57) 高级语言源程序(　　)计算机执行。

A. 能被　　　B. 经过翻译后能被　　　C. 有时能被　　　D. 不能被

(58) 目前使用的计算机是(　　)。

A. 电子数字计算机　　　　　　B. 混合计算机
C. 模拟计算机　　　　　　　　D. 第五代计算机

(59) 专家系统是计算机在(　　)方面的应用。

A. 科学计算　　　B. 自动控制　　　C. 智能模拟　　　D. 辅助设计

(60) 计算机运行时，用来存储少量程序和数据的是(　　)。

A. 寄存器　　　B. 输出装备　　　C. 存储单元　　　D. 控制器

(61) 计算机系统中的输入、输出装备以及外接的辅助存储器统称为(　　)。

A. 存储设备　　　B. 操作系统　　　C. 硬件设备　　　D. 外部设备

(62) 微型计算机的主机包括(　　)。

A. 内存和打印机　B. CPU 和内存　C. I/O 和内存　D. I/O 和 CPU

(63) 磁盘的每一面都划分成很多的同心圆，称其为(　　)。

A. 扇区　　　B. 磁道　　　C. 柱面　　　D. 磁圈

(64) 计算机病毒是一种程序，不可能通过(　　)传染。

A. 光盘　　　B. 磁盘　　　C. 人体　　　D. 网络

(65) 外存储器比内存储器(　　)。

A. 更贵

B. 存储的信息更多

C. 存取时间快

D. 更贵，但存储信息更少

(66) 计算机中信息的存储是以(　　)为单位。

A. 位　　　B. 字长　　　C. 字　　　D. 字节

(67) 内存储器的容量是由(　　)总线的宽度确定的。

A. 数据　　　B. 主要　　　C. 地址　　　D. 控制

(68) I/O 接口位于(　　)。

A. 主机和 I/O 设备之间　　　B. 主机与总线之间

C. 总线和 I/O 设备之间　　　D. CPU 与存储器之间

(69) 计算机的主存储器一般由(　　)组成。

A. ROM 和 RAM　B. ROM 和 U 盘　C. RAM 和 CPU　D. ROM 和 CPU

(70) 规模最小的计算机是(　　)。

A. 袖珍计算机　B. 单板计算机　C. 单片计算机　D. 微型计算机

(71) 在存储系统中，PROM 是指(　　)。

A. 固定只读存储器　　　B. 可编程只读存储器

C. 可读写存储器　　　D. 只读存储器

(72) 用计算机进行地震预测方面的计算，是计算机在(　　)领域中的应用。

A. 数据处理　B. 过程控制　C. 科学计算　D. 计算机辅助系统

(73) 某种进位计算制被称为 R 进制，则 R 应称为该进位计数制的(　　)。

A. 位权　　　B. 基数　　　C. 数符　　　D. 数制

(74) 在下列选择中，(　　)是一种计算机语言。

A. Java　　　B. DOS　　　C. Windows　　　D. Excel

(75) 在计算机硬件系统中,(　　)用于存放当前要执行的命令。
A. 指令寄存器　　B. 译码器　　　　C. 指令计数器　　　D. 时序节拍发生器

(76) 在命令菜单选项中,(　　)表示该命令目前不能执行。
A. 右侧带省略号的命令　　　　　B. 右侧带下划线字母的命令
C. 呈灰色显示的命令　　　　　　D. 左侧带"√"的命令

(77) 计算机硬件系统是由(　　)组成。
A. 控制器、CPU、存储器和输入输出设备
B. CPU、运算器、存储器和输入输出设备
C. CPU、主机、存储器和输入输出设备
D. 运算器、控制器、存储器和输入输出设备

(78) 对于一片处于写保护状态的软磁盘,以下正确的说法是(　　)。
A. 只能进行存数操作而不能进行取数操作
B. 不能将其格式化
C. 可以清除其中的计算机病毒
D. 可删除其中的文件,但不能更改文件名

(79) 以下说法中,(　　)和(　　)是正确的。
A. 计算机软件系统也称作系统软件
B. 应用软件是为解决应用问题而编制的程序,如操作系统、文字处理软件
C. 计算机的硬件和软件在逻辑功能上是等效的,这称为软件等效性原理
D. 机器语言的每一条语句都是二进制形成的指令代码,因而它是面向计算机硬件设备的
E. 机器语言和汇编语言因其功能不如高级语言强,所以被称为低级语言

(80) 第二代电子计算机采用的主要器件为(　　)。
A. 中小规模集成电路　　　　　　B. 晶体管
C. 电子管　　　　　　　　　　　D. 超大规模集成电路

2. 多项选择题

(1) 下面是关于微型计算机系统的描述,正确的有(　　)。
A. 微型计算机系统指的是构成微型计算机的硬件系统
B. 微型计算机系统指的是构成微型计算机的软件系统
C. 微型计算机系统由微型计算机硬件系统与软件系统构成
D. 微型计算硬件系统遵循冯·诺依曼体系结构

(2) 下面是关于微处理器的描述,正确的有(　　)。
A. 微处理器、微型计算机主机、微型计算机硬件系统和微型计算机系统四者没有本质的区别

B. 微处理器是微型化的中央处理器 CPU

C. 微处理器的字长和内部工作主频是决定微型计算机性能的两个最主要的指标

D. 微处理器一般不采用总线结构

(3) P4 1.4G 是对微处理器的一种描述,下面表述正确的有(　　)。

A. P 表示该 CPU 属于 Pentium 系列

B. 内部工作主频为 1.4GHz

C. 该 CPU 属 Pentium 系列第四代

D. CPU 与主存储器之间数据传输速率为 1.4GB/s

(4) 关于主存和辅存,正确的有(　　)。

A. 主存通常用来存放比较重要的数据信息

B. 参与运算的数据和程序,必须先调入主存

C. 主存和辅存和存储容量有差别,存取速度无太大差别

D. RAM 中的信息断电后立即丢失,辅存中的信息可以长期保存

(5) 为解决存储容量、存取速度及价格之间的矛盾,存储系统分为多个层次,包括有(　　)。

A. 主存储器　　　　　　　　B. 只读存储器

C. 辅助存储器　　　　　　　D. 高速缓冲存储器

(6) 下面是对高速缓冲存储器（Cache）的描述,正确的有(　　)。

A. Cache 是位于 CUP 与主存储器之间,对用户透明的一种高速小容量存储器

B. 在现代 CPU 设计技术中,常将 Cache 分成一级 Cache 和二级 Cache

C. 一级 Cache 容量一般较小,二级 Cache 的容量相对一级 Cache 要大一些

D. 高速缓存中存放的是正在运行的一小段程序和数据

(7) 下面是主存储器和 Cache 的比较,正确的有(　　)。

A. 微型计算机主存储器多采用半导体动态存储器（DRAM）,Cache 采用半导体静态存储器（SRAM）。这两种存储器中的信息均不能长期保留

B. CPU 访问主存储器的速度快于访问 Cacbe 的速度

C. 在配有 Cache 的计算机中,CPU 每次访问存储器都首先访问 Cache,若欲访问的数据在 Cache 中,则访问结束,否则,再访问主存储器,并把有关数据存入 Cache

D. Cache 容量一般都小于主存储器

(8) 下面是关于 CPU 访问主存和高速缓存 Cache 的关系描述,正确的有(　　)。

A. 没有 Cache 的微型计算机,只有主存能与 CPU 直接进行信息交换

B. 拥有 Cache 的微型计算机,Cache 和主存都能直接与 CPU 交换信息

C. 一台配置有 Cache 的微型计算机,CPU 从外存读人数据的顺序是外存→主存→Cache

D. Cache 使用的是半导体动态存储器，所以其中的信息不能长期保留

(9) 微型计算机的主板上主要有(　　)。

A. 内存槽

B. 扩展槽

C. 各种辅助电路

D. 外存储器

(10) 关于微型计算机的知识，正确的有(　　)。

A. 外存储器中的信息不能直接进入 CPU 进行处理

B. 系统总线是 CPU 与各部件之间传递各种信息的公共通道

C. 光盘驱动器属于主机，光盘属于外部设备

D. 家用电脑不属于微型计算机

(11) 关于外存储器，正确的有(　　)。

A. 硬盘、U 盘、光盘存储器都要通过接口电路接入主机

B. CD-ROM 是一种可重写型光盘

C. U 盘和光盘都便于携带，但光盘的容量更大

D. 硬盘虽然不如 U 盘存储容量大，但存取速度更快

(12) 关于外存储器，正确的有(　　)。

A. CD-ROM 是多媒体计算机必不可少的组成部分

B. 与硬盘相比，光盘驱动器的存取速度更快

C. 与硬盘相比，光盘的存储容量最大

D. 光盘刻录机可以使用一次性写入光盘

(13) 计算机的输入设备有(　　)。

A. 打印机　　　B. 键盘　　　C. 鼠标　　　D. 扫描仪

(14) 键盘可用于直接输入(　　)。

A. 数据　　　B. 文本　　　C. 程序和命令　　　D. 图形和图像

(15) 常用鼠标的类型有(　　)。

A. 光电式　　　B. 击打式　　　C. 机械式　　　D. 喷墨式

(16) 关于显示器和显卡，正确的有(　　)。

A. 显示器以字符方式工作，或者以图形方式工作，不可能两者兼而有之

B. 字符方式和图形方式只表明显示器的工作方式不同，显示速度无差别

C. 图形方式要求的显示缓冲区比字符显示方式要大

D. LCD 可用于笔记本式计算机

(17) 衡量微型计算机性能的主要指标有(　　)。

A. CPU 字长　　　　　　　　　　B. CPU 运算速度

C. CPU 内部工作频率　　　　　　D. 主存储器容量

(18) 关于计算机的组成，正确的有(　　)。

A. 键盘是输入设备，打印机是输出设备，均是计算机的外部设备

B. 显示器显示键盘输入的字符时，是输入设备，显示程序的运行结果时，是输出设备

C. ROM BIOS 芯片中的程序都是计算机制造商写入的，用户不能随意修改其内容

D. 打印机只能打印字符和表格，不能打印图形

(19) 关于微型计算机中的存储器，正确的有(　　)。

A. 对随机存储器，可随时从任意的存储地址读出或写入内容

B. 主板上的 CMOS 是由计算机生产厂家事先写好内容的只读存储器

C. 一般所称的微型计算机内存容量是以 ROM 的容量为准

D. ROM BIOS 中存放的程序称为"基本输入/输出系统"

(20) 关于冯·诺依曼体系结构的描述，正确的有(　　)。

A. 世界上第一台电子计算机就采用了冯·诺依曼体系结构

B. 将指令和数据同时存放在存储器中，是冯·诺依曼计算机方案的特点之一

C. 计算机由控制器、运算器、存储器、输入设备、输出设备五部分组成

D. 冯·诺依曼提出的计算机体系结构奠定了现代计算机的结构理论

(21) 关于计算机系统的描述，正确的有(　　)。

A. 计算机系统由硬件系统和软件系统组成

B. 硬件系统包括主机和网络

C. 软件系统包括系统软件和应用软件

D. 软件系统为层次结构，内层支持外层，外层向内层提供服务

(22) 关于计算机系统的描述，正确的有(　　)。

A. 计算机硬件系统由主机、键盘、显示器组成

B. 计算机软件系统由操作系统和应用软件组成

C. 硬件系统在程序控制下，负责实现数据输入、处理与输出等任务

D. 软件系统除了保证硬件功能的发挥之外，还为用户提供了一个宽松的工作环境

(23) 关于硬件系统，下面说法正确的有(　　)。

A. 控制器是"指挥中心"，它重复"执行指令"这一过程

B. 运算器是"信息加工厂"，它负责对数据进行算术、逻辑运算以及其他处理

C. 存储器是存放程序和数据的地方，并根据命令提供给有关部分使用

D. 在微型计算机中，微处理器中包括运算器

(24) 关于软件系统的知识，下面说法正确的有(　　)。

A. 系统软件的功能之一是支持应用软件的开发和运行

B. 应用软件处于软件系统的最外层，直接面向用户，为用户服务
C. 软件系统呈层次结构，处在外层的软件必须在内层软件的支持下才能运行
D. 操作系统由一系列功能模块组成，功能之一用来控制和管理硬件资源

(25) 关于软件系统，下面说法正确的有(　　)。

A. 系统软件的特点是通用性和基础性
B. 高级语言是一种独立于机器的语言
C. 任何程序都可以被视为计算机的系统软件
D. 编译程序只能一次读取、翻译并执行源程序中的一行语句

(26) 关于操作系统，下面说法正确的有(　　)。

A. 是具有一系列功能模块的大型程序
B. 是计算机硬件的第一级扩充
C. 处于软件系统的最底层
D. 一般固化在 ROM 中

(27) 关于计算机语言，下面说法正确的有(　　)。

A. 机器语言程序的每一条语句就是一条二进制数的指令代码
B. 在汇编语言程序中，操作码和操作数都用助记符表示
C. 汇编语言程序比机器语言程序易读、易修改，并具备通用性、可移植性
D. 高级语言的特点之一是"面向问题，而不是面向机器"

(28) 关于计算机的特点、分类和应用的描述，正确的有(　　)。

A. 计算机具有逻辑判断功能，所以说计算机具有人的全部智能
B. PC 是面向家庭或个人的使用的低档微型计算机，办公系统中很少使用
C. 按计算机的规模分类，计算机分为通用机和专用机
D. 人工智能是计算机应用的一个新领域

(29) 计算机又称为"电脑"，这是因为计算机(　　)。

A. 能代替人做出决策
B. 运算速度快，具有存储记忆功能
C. 能进行算术和逻辑运算
D. 能代替人的思维

(30) 关于计算机发展过程，说法正确的有(　　)。

A. 第二代计算机使用的是晶体管
B. 按逻辑部件划分，计算机经历了四代演变
C. 微型计算机出现于第三代
D. 到第四代计算机才有了操作系统

3. 判断题

(1) 冯·诺依曼原理是计算机的唯一工作原理。（　　）

(2) 计算机能直接识别汇编语言程序。（　　）

(3) 计算机能直接执行高级语言源程序。（　　）

(4) 计算机掉电后，ROM 中的信息会丢失。（　　）

(5) 计算机掉电后，外存中的信息会丢失。（　　）

(6) 应用软件的作用是扩大计算机的存储容量。（　　）

(7) 操作系统的功能之一是提高计算机的运行速度。（　　）

(8) 一个完整的计算机系统通常是由硬件系统和软件系统两大部分组成的。（　　）

(9) 第三代计算机的逻辑部件采用的是小规模集成电路。（　　）

(10) 字节是计算机中常用的数据单位之一，它的英文名字是 byte。（　　）

(11) 计算机发展的各个阶段是以采用的物理器件作为标志的。（　　）

(12) CPU 是由控制器和运算器组成的。（　　）

(13) 1GB 等于 1000MB，又等于 1000000KB。（　　）

(14) 只读存储器的英文名称是 ROM，其英文原文是 Read Only Memory。（　　）

(15) 随机访问存储器的英文名称是 RAM，Random Access Memory。（　　）

(16) 计算机软件按其用途及实现的功能不同可分为系统软件和应用软件两大类。（　　）

(17) 键盘和显示器都是计算机的 I/O 设备，键盘是输入设备，显示器是输出设备。（　　）

(18) 输入和输出设备是用来存储程序及数据的装置。（　　）

(19) RAM 中的信息在计算机断电后会全部丢失。（　　）

(20) 中央处理器和主存储器构成计算机的主体，称为主机。（　　）

(21) 主机以外的大部分硬件设备称为外围设备或外部设备，简称外设。（　　）

(22) 任何存储器都有记忆能力，其中是信息不会丢失。（　　）

(23) CPU 的功能之一是提高计算机的运行速度。（　　）

(24) 通常硬盘安装在主机箱内，因此它属于主存储器。（　　）

(25) 运算器是进行算术和逻辑运算的部件，通常称它为 CPU。（　　）

(26) 十六位字长的计算机是指能计算最大为 16 位十进制数据的计算机。（　　）

(27) 常见的键盘有 101 键盘和 104 键盘。（　　）

(28) 鼠标可分为机械式鼠标和光电式鼠标。（　　）

(29) 光盘属于外存储器，也属于辅助存储器。（　　）

(30) CRT 显示器又称阴极射线管显示器。（　　）

(31) 打印机按照印字的工作原理可以分为击打式打印机和非击打式打印机。（　　）

（32）计算机中分辨率和颜色数由显示卡设定，但显示的效果由显示器决定。（　）
（33）计算机处理音频主要借助于声卡。（　）
（34）计算机的中央处理器简称为：ALU。（　）
（35）计算机中最小单位是二进制的一个数位。（　）
（36）1 个字节是由 8 个二进制数位组成。（　）
（37）CPU 的主要任务是取出指令，解释指令和执行指令。（　）
（38）CPU 主要由控制器、运算器和若干寄存器组成。（　）
（39）CPU 的时钟频率是专门用来记忆时间的。（　）
（40）微机总线主要由数据总线、地址总线、控制总线三类组成。（　）
（41）外存中的数据可以直接进入 CPU 被处理。（　）
（42）电子计算机主要是以电子元件划分发展阶段的。（　）
（43）第四代电子计算机主要采用中、小规模集成电路元件制造成功。（　）
（44）计算机的硬件系统由控制器、显示器、打印机、主机、键盘组成。（　）
（45）计算机的内存储器与硬盘存储器相比，内存储器存储量大。（　）
（46）在计算机中，1000K 称为一个 M。（　）
（47）在计算机中，1024B 称为一个 KB。（　）
（48）计算机中的所有信息都是以 ASCII 码的形式存储在机器内部的。（　）
（49）文字信息处理时，各种文字符号都是以二进制数的形式存储在计算机中。（　）
（50）第二代电子计算机的主要元件是晶体管。（　）
（51）第一代电子计算机的主要元件是晶体管。（　）
（52）世界上第一台电子计算机诞生于 1946 年。（　）
（53）在计算机中，1K 个字节大约可以存储 1000 个汉字。（　）
（54）世界上第一台电子计算机诞生于德国。（　）
（55）在计算机中，1GB 表示 1024M 个汉字。（　）
（56）第三代电子计算机主要采用超大规模集成电路元件制造成功。（　）
（57）目前的计算机称为第五代。（　）
（58）一个完整计算机系统应包括硬件系统和软件系统。（　）
（59）在计算机中，一个字节由 8 个二进制组成。（　）
（60）1MB 就是 1024*1024B。（　）
（61）个人计算机属于微型计算机。（　）
（62）计算机能够直接识别和处理的语言是汇编语言。（　）
（63）计算机存储器中的 ROM 只能读出数据不能写入数据。（　）
（64）ROM 和 RAM 的最大区别是，ROM 是只读，RAM 可读可写。（　）

(65) 运算器的主要功能是进行算术运算,不能进行逻辑运算。　　　　(　　)
(66) 和内存储器,外存储器相比的特点是容量小、速度快、成本高。　(　　)
(67) 内存储器是用来存储正在执行的程序和所需的数据。　　　　　　(　　)
(68) 存储容量常用 KB 表示,4KB 表示存储单元有 4000 个字节。　　　(　　)
(69) 如果按字长来划分,微机可以分为 8 位机、16 位机、32 位机和 64 位机。
　　　　　　　　　　　　　　　　　　　　　　　　　　　　　　　　(　　)
(70) 世界上不同型号的计算机工作原理都是冯诺依曼提出的存储程序控制原理。
　　　　　　　　　　　　　　　　　　　　　　　　　　　　　　　　(　　)
(71) 微型机的软盘及硬盘比较,硬盘的特点是存取速度快及存储容量大。(　　)
(72) 影响个人计算机系统功能的因素除了系统使用哪种位的微处理器外,还有 CPU 的时钟频率、CPU 主内存容量、CPU 所能提供的指令集。　　　　(　　)
(73) 打印机是一种输出设备。　　　　　　　　　　　　　　　　　　(　　)
(74) 显示器是一种输出设备。　　　　　　　　　　　　　　　　　　(　　)
(75) 在一般情况下,外存中存放的数据,在断电后不会丢失。　　　　(　　)
(76) 将计算机外部信息传人计算机的设备是输入设备。　　　　　　　(　　)
(77) 目前计算机的基本工作原理是存储程序控制。　　　　　　　　　(　　)
(78) 鼠标器是一种输入设备。　　　　　　　　　　　　　　　　　　(　　)
(79) 微机中,运算器的另一名称是逻辑运算单元。　　　　　　　　　(　　)
(80) 微型计算机内存储器是按字节编址。　　　　　　　　　　　　　(　　)

习题 2.2　Windows 7 操作系统

1. 单项选择题

(1) 下列软件系统中,(　　)是操作系统。
A. Word　　　　　B. WPS　　　　　C. Linux　　　　　D. FoxPro

(2) 操作系统的五大功能模块为(　　)。
A. 程序管理、文件管理、编译管理、设备管理、用户管理
B. 硬盘管理、软盘管理、存储器管理、文件管理、批处理管理
C. 运算管理、控制器管理、打印机管理、磁盘管理、分时管理
D. 处理器管理、存储器管理、设备管理、文件管理、作业管理

(3) 下面属于操作系统的软件是(　　)。
A. Word　　　　　B. Excel　　　　　C. PowerPoint　　　　　D. Windows

(4) 操作系统是一组(　　),其功能是管理计算机的硬件与软件资源。
A. 用户数据　　　B. 应用软件　　　C. 硬件　　　　　D. 程序

(5) 文件是(　　)。
A. 一批逻辑上独立的离散信息的无序集合
B. 存在外存储器中全部信息的总称
C. 可以按名称访问的一组相关信息的集合
D. 尚未命名的变量

(6) 在 Windows 中,如果要进行文件复制,可使用 Windows 的(　　)。
A. 附件　　　　　B. 记事本　　　　C. 资源管理器　　　D. 控制面板

(7) 退出 DOS 并返回 Windows 界面的操作是(　　)。
A. 输入命令 EXIT　B. 按 Alt+F4 键　C. 按 F4 键　　　D. 输入命令 QUIT

(8) Windows 7 操作系统是(　　)。
A. 单用户单任务系统　　　　　　B. 单用户多任务系统
C. 多用户多任务系统　　　　　　D. 多用户单任务系统

(9) Windows 的"桌面"指的是(　　)。
A. 整个屏幕　　　B. 全部窗口　　　C. 某个窗口　　　D. 活动窗口

(10) Windows 中屏幕上可同时出现多个窗口,其中活动窗口的特征是(   )。

A. 标题两边有"活动"两字

B. 窗口尺寸的大小与众不同

C. 如果窗口相互重叠,活动窗口会出现在最前面

D. 标题栏的颜色与其他窗口相同

(11) 在 Windows 应用程序的菜单中,选择(   )的菜单选项会打开一个对话框。

A. 前面带"√"　　B. 暗淡显示　　　C. 前面带"．．"　　D. 后面带"…"

(12) 下列关于 Windows 的"任务栏"说法正确的是(   )。

A. 任务栏不能锁定　　　　　　　B. 任务栏只能在屏幕的最下方

C. 任务栏的宽度是固定的　　　　D. 任务栏可以自动隐藏

(13) Windows 的"开始"菜单包括了 Windows 系统的(   )。

A. 主要功能　　　B. 全部功能　　　C. 部分功能　　　D. 初始化功能

(14) 对于对话框的单选按钮所列的一组状态,操作者(   )。

A. 可以全部选中　　　　　　　　B. 可以选中若干个

C. 可以全部不选中　　　　　　　D. 必须并且只能选中其中的一个

(15) 在 Windows 中已打开多个程序,要在多个应用程序窗口间进行切换,可以按(   )键。

A. <Ctrl+Delete>　B. <Alt+Tab>　　C. <Ctrl+Break>　　D. <Alt+F4>

(16) 在 Windows 环境中,用户可以同时打开多个窗口,此时(   )。

A. 只能有一个窗口处于激活状态,它的标题栏与众不同

B. 只能有一个窗口的程序处于前台运行状态,而其余窗口的程序则处于停止运行状态

C. 所有窗口的程序都处于前台运行状态

D. 所有窗口的程序都处于后台运行状态

(17) 在"格式化磁盘"对话框中,选择"快速"选项,则被格式化的磁盘(   )。

A. 格式化同时检查是否有损坏的扇区　B. 只格式化,不检查损坏扇区

C. 只复制内容,不进行格式化　　　　D. 以上说法都不对

(18) Windows 在(   )中提供了大量的实用程序。

A. 程序　　　　B. 附件　　　　C. 资源管理器　　　　D. 开始

(19) 在 Windows 的资源管理器中,选择多个不连续的文件的方法是(   )。

A. 逐个单击文件名　　　　　　　B. 按<Shift>键+单击文件名

C. 按 Ctrl 键+单击文件名　　　　D. 按<Ctrl+A>键

(20) 在 Windows 的资源管理器中不允许(   )。

A. 格式化磁盘　　　　　　　　　B. 同时选择多个不连续的文件

C. 查看磁盘剩余空间　　　　　　　D. 文字处理

(21) 在 Windows 环境中，能够实现模糊音功能的汉字输入法是(　　)。

A. 国标/拼音输入法　　　　　　　B. 拼音输入法

C. 智能 ABC 输入法　　　　　　　D. 郑码输入法

(22) 在 Windows 的附件中，可以播放 MP3 文件的是(　　)。

A. 录音机　　　　　　　　　　　B. Real Player

C. Windows Media Player　　　　D. 音量控制

(23) 在 Windows 7 中，若文件名中使用多个间隔符"."时（如：Word4.0example.docx），则(　　)。

A. 第 1 个圆点后面的部分为该文件的扩展名

B. 最后一个圆点后面的部分为该文件的扩展名

C. 第 9 个字符后面的部分为该文件的扩展名

D. 该文件无扩展名

(24) 下面是关于计算机病毒的两种说法：①计算机病毒也是一种程序，它在某些条件下激活，起干扰破坏作用，并能传染到其他程序中去；②计算机病毒只会破坏磁盘上的数据。经判断(　　)。

A. 只有①正确　　B. 只有②正确　　C. ①、②都正确　　D. ①、②都不正确

(25) 若想直接删除文件或文件夹，而不将其放入"回收站"中，可在拖到"回收站"时按住(　　)键。

A. Shift　　　　B. Alt　　　　C. Ctrl　　　　D. Delete

(26) 在"共享名"文本框中更改的名称是(　　)，而(　　)。

A. 更改其他用户连接到此共享文件夹时看到的名称

B. 不更改其他用户连接到此共享文件夹时看到的名称

C. 更改文件夹的实际名称

D. 不更改文件夹的实际名称

(27) 在 Windows 7 的"资源管理器"窗口中，通过选择(　　)菜单可以改变文件或文件夹的显示方式。

A. 工具　　　　B. 查看　　　　C. 文件　　　　D. 编辑

(28) "文件夹选项"对话框中的"查看"选项卡是用来设置(　　)。

A. 文件夹的常规属性　　　　　　B. 文件夹的显示方式

C. 更改已建立关联文件的打开方式　D. 网络文件在脱机时是否可用

(29) 资源管理器可以(　　)显示计算机内所有文件的详细图表。

A. 在同一窗口　　B. 多个窗口　　C. 分节方式　　D. 分层方式

(30) 格式化硬盘可分为高级格式化和(　　)。

A. 低级格式化　　B. 分区格式化　　C. 软格式化　　D. 硬格式化

(31) 快速格式化(　　)磁盘的坏扇区而直接从磁盘上删除文件。

A. 扫描　　B. 不扫描　　C. 有时扫描　　D. 由用户自己设定

(32) 使用(　　)可帮助用户释放硬盘驱动器空间，安全删除不需要的文件，如临时文

件、Internet缓存文件，腾出它们占用的系统资源，以提高系统性能。

A. 格式化　　B. 磁盘清理程序　　C. 磁盘碎片整理　　D. 磁盘查错

(33) 使用(　　)可以重新安排文件在磁盘中的存储位置，将文件的存储位置整理到一

起，同时合并可用空间，从而实现提高运行速度的目的。

A. 格式化　　B. 磁盘清理程序　　C. 磁盘碎片整理　　D. 磁盘查错

(34) 用户在经常进行文件的移动、复制、删除及安装等操作后，可能会出现坏的磁盘扇

区，这时用户可执行(　　)，以修复文件系统的错误、恢复坏扇区等。

A. 格式化　　B. 磁盘清理程序　　C. 磁盘碎片整理　　D. 磁盘查错

(35) Windows中，应用程序窗口和文档窗口的最大的区别在于(　　)。

A. 有没有菜单栏　　　　　　　B. 有没有滚动条

C. 有没有最小化按钮　　　　　D. 有没有标题栏

E. 有时这两个窗口合二为一，有时程序窗口包含于文档窗口

(36) 下列不属于网络操作系统的是(　　)和(　　)。

A. MS-DOS　　B. UNIX　　C. Windows 7

D. Windows NT　　E) Novell NetWare

(37) 在下列图形格式中，(　　)文件不能使用画图程序打开。

A. gif　　B. bmp　　C. wmf　　D. jpg

(38) 当一个文档窗口被存盘关闭后，该文档将(　　)。

A. 保存在外存中　　B. 保存在内存中

C. 保存剪贴板中　　D. 既保存在外存也保存在内存中

(39) 当一个应用窗口被最小化后，该应用程序将(　　)。

A. 被终止执行　　B. 继续在前台执行　　C. 被暂停执行　　D. 被转入后台执行

(40) 在Windows中，对已经格式化过的U盘(　　)。

A. 能做全面格式化，不能做快速格式化

B. 不能做全面格式化，能做快速格式化

C. 既不能做全面格式化，也不能做快速格式化

D. 既能做全面格式化，也能做快速格式化

(41) 在 Windows 7 中，剪贴板文件的扩展名为(　　)。

A. .doc　　　　　B. .clp　　　　　C. .jpg　　　　　D. .xls

(42) 下列操作中能在各种中文输入法之间切换的是按(　　)键。

A. <Ctrl+Shift>　B. <Ctrl+空格>　C. <Alt+F1>　　D. <Shift+空格>

(43) 在 Windows 中，同一磁盘上的文件复制方法是：把被复制的文件图标拖动到目的地所在的图标，在拖动的同时，还要按(　　)键。

A. <Ctrl>　　　　B. <Shift>　　　C. <Alt>　　　　D. 空格

(44) 在 Windows 中，要将 U 盘的文件复制到硬盘，选中该文件后，还需(　　)到目标处。

A. 按<Tab>键并拖动　　　　　　B. 按<Shift>键并拖动
C. 拖动　　　　　　　　　　　　D. 按<Alt>键并拖动

(45) 当已选定文件夹后，下列操作中不能删除该文件夹的是(　　)。

A. 在键盘上按<Delete>键

B. 右击该文件夹，打开快捷菜单，然后执行"删除"命令

C. 在文件菜单中执行"删除"命令

D. 双击该文件夹

(46) 对 Windows 7 系统，下列叙述中错误的是(　　)。

A. 可同时运行多个程序　　　　　B. 桌面上可同时容纳多个窗口
C. 可支持鼠标操作　　　　　　　D. 可运行所有的 DOS 应用程序

(47) 将鼠标指向窗口的边框，鼠标形状会变为(　　)。

A. 漏斗状　　　　B. 十字形　　　C. 单箭头　　　D. 双向箭头

(48) Windows 是通过(　　)来管理计算机所有资源的。

A. 附件　　　　　B. 窗口　　　　C. 文件管理器　　D. 对话框

(49) 下列创建新文件夹的操作中，错误的是(　　)。

A. 在 MS-DOS 方式下执行 MD 命令

B. 在资源管理器中执行"新建文件夹"命令

C. 在目标文件夹中右击，在弹出的快捷菜单中执行"新建"→"文件夹"命令

D. 在"开始"菜单中，执行"运行"命令，再执行 MD 命令

(50) 对 Windows 操作系统，下列叙述中正确的是(　　)。

A. Windows 的操作只能用鼠标

B. Windows 为每一个任务自动建立一个显示窗口，其位置和大小不能改变

C. 在不同的磁盘间不能用鼠标拖动文件名的方法实现文件的移动

D. Windows 打开的多个窗口，既可平铺，也可层叠

(51) 在资源管理器中，如果要同时选择相邻的多个文件，需要使用(　　)键与鼠标

左键。

    A. <Shift>　　　B. <Alt>　　　　C. <Ctrl>　　　　D. <F8>

（52）在 Windows 中能更改文件名的操作是（　　）。

    A. 右击文件名，在弹出的快捷菜单中执行"重命名"命令，输入新文件名后按 Enter 键

    B. 单击文件名，在弹出的快捷菜单中执行"重命名"命令，输入新文件名后按 Enter 键

    C. 双击文件名，在弹出的快捷菜单中执行"重命名"命令，输入新文件名后按 Enter 键

    D. 单击"编辑"菜单，然后执行"重命名"命令，输入新文件名后按 Enter 键

（53）在 Windows 中，下列操作中可运行一个应用程序的是（　　）。

    A. 执行"开始"菜单中的"文档"命令

    B. 右击该应用程序名

    C. 执行"开始"菜单中的"程序"命令

    D. 双击该应用程序名

（54）在下列关于文档窗口的说法中正确的是（　　）。

    A. 只能打开一个文档窗口

    B. 可以同时打开多个文档窗口，被打开的窗口都是活动窗口

    C. 可以同时打开多个文档窗口，但其中只有一个是活动窗口

    D. 可以同时打开多个文档窗口，但在屏幕上只能见到一个文档的窗口

（55）Windows 中的文档是指（　　）。

    A. Windows 中的所有文件

    B. 构成 Windows 操作系统的一系列文件

    C. Windows 中的应用程序文件

    D. 应用程序所生成的文件

（56）Windows 7 是一个多任务操作系统，这是指（　　）。

    A. Windows 7 可以安装多个应用程序

    B. Windows 7 可以运行很多种应用程序

    C. Windows 7 可以同时运行多个应用程序

    D. Windows 7 可以同时管理多种资源

（57）在对话框中，复选框是指在所列选项中（　　）。

    A. 仅选一项　　B. 必须选一项　　C. 可以选多项　　D. 至少选一项

（58）Windows 中文件的只读属性表示该文件（　　）。

    A. 可以读取可以修改　　　　　　B. 不能读取不能修改

C. 只能修改不能读取　　　　　　D. 只能读取不能修改

(59) 在 Windows 中,若要进行整个窗口的移动,可用鼠标拖动窗口的(　　)。

A. 标题栏　　　B. 工具栏　　　C. 菜单栏　　　D. 状态栏

(60) 写字板中使用标尺不能在排版过程中设置的是(　　)。

A. 改变左缩进标志　　　　　　B. 改变右缩进标志

C. 改变首行缩进标志　　　　　D. 改变字体

(61) 在 Windows 7 中,可以打开"开始"菜单的组合键是(　　)。

A. <Alt+Esc>　　B. <Ctrl+Esc>　　C. <Tab+Esc>　　D. <Shift+Esc>

(62) 下列叙述中不正确的是(　　)。

A. 在 Windows 中打开的多个窗口,既可平铺也可层叠

B. Windows 可以利用剪贴板实现多个文件之间的复制

C. 在"资源管理器"窗口中,双击应用程序名即可运行该程序

D. 在 Windows 中不能对文件夹进行更名操作

(63) 打开应用程序使用下列哪种方法最容易?(　　)

A. "开始"菜单　　　　　　　　B. "资源管理器"窗口

C. "我的电脑"或"计算机"　　　D. "运行"命令

(64) 在 Windows 中,剪贴板是(　　)。

A. 硬盘上的一块区域　　　　　B. U 盘上的一块区域

C. 内存中的一块区域　　　　　D. 高速缓存中的一块区域

(65) 在 Windows 中,"回收站"是(　　)。

A. 内存中的一块区域　　　　　B. 硬盘上的一块区域

C. 软盘上的一块区域　　　　　D. 高速缓存中的一块区域

(66) 输入中文时,下列操作中不能进行中英文切换的是(　　)。

A. 单击中英文切换按钮　　　　B. 按 Ctrl+空格键

C. 单击输入法状态窗口中的切换按钮　D. 按 Shift+空格键

(67) 下列操作中,不能运行一个应用程序的是(　　)。

A. 执行"开始"菜单中的"运行"命令

B. 双击查找到的文件名

C. 执行"开始"菜单中的"文档"命令

D. 单击"任务栏"中该程序的图标

(68) 下列操作中,可以确保打开一个记不清用何种程序建立的文档的是(　　)。

A. 执行"开始"菜单中的"文档"命令打开

B. 用建立该文档的程序打开

C. 执行"开始"菜单中的"查找"命令找到该文档,然后双击它

D. 执行"开始"菜单中的"运行"命令运行它

(69) 选定文件或文件夹后,下列操作中不能修改文件或文件夹的名称是(　　)。

A. 右击文件或文件夹,在弹出的快捷菜单中执行"重命名"命令,然后输入新文件名,再按 Enter 键

B. 按 F2 键,然后输入新文件名,再按<Enter>键

C. 选择文件或文件夹后,单击文件或文件夹名称,输入新文件名,再按<Enter>键

D. 单击文件或文件夹的图标,输入新文件名,再按<Enter>键

(70) 双击一个可执行文件名时,系统将会(　　)。

A. 发出一个错误信息　　　　　B. 启动这个文件

C. 启动创建这个文件的程序　　D. 无法稳定下来

(71) 假设在 C 盘的 DOS 文件夹中,有一个用 Windows 附件中"写字板"创建的名为 ABC.bat 的批处理文件,要阅读该文件的内容,最可靠的操作为(　　)。

A. 在"开始"菜单的"文档"中打开它

B. 用"资源管理器"找到该文档,然后双击它

C. 通过"桌面"找到该文档,然后双击它

D. 在"开始"菜单的"程序"中打开"写字板"窗口,然后在该窗口中执行"文件"菜单的"打开"命令打开它

(72) 在 Windows 中,可以同时打开多个文件管理窗口,用鼠标将一个文件从一个窗口拖到另一个窗口中,通常用于完成文件的(　　)。

A. 删除　　　B. 移动或复制　　C. 修改或保存　　D. 更新

(73) 下列说法中正确的是(　　)。

A. 在 MS-DOS 下可以运行的程序,在 Windows 环境下都不能运行

B. 在 Windows 环境下可以运行的程序,在 MS-DOS 下都不能运行

C. MS-DOS 是以图形方式工作的,而 Windows 是以字符方式工作的

D. MS-DOS 是以字符方式工作的,而 Windows 是以图形方式工作的

(74) 在使用中文 Windows 时,如果要改变显示器的分辨率,则应使用(　　)程序项。

A. "资源管理器"　　　　　　B. "控制面板"→"显示器"

C. "附件"　　　　　　　　　D. "控制面板"→"系统"

(75) 如果要改变 Windows 中窗口的大小,指针需指在(　　)上。

A. 状态栏　　B. 边框　　C. 工具栏　　D. 标题栏

(76) 在 Windows 的资源管理器中,将一个目录中的文件复制至另一驱动器的目录中,只需将鼠标移至该文件按住左键不放,再按(　　)键后,拖动鼠标将该文件的图标移入目

标目录即可。

  A. <Ctrl>　　　B. <Alt>　　　C. <Shift>　　　D. <Enter>

（77）在"资源管理器"中要选择多个不连续文件时，鼠标左键应配合（　　）键使用。

  A. <Alt>　　　B. <Ctrl>　　　C. <Shift>　　　D. <Enter>

（78）（　　）能将文件夹移动到同一驱动器的新位置。

  A. 拖放文件夹并同时按住<Ctrl>键　　　B. 执行"剪切""粘贴"命令
  C. 拖放文件夹并同时按住<Alt>键　　　D. 执行"复制""粘贴"命令

（79）对话框与窗口的区别是：对话框（　　）。

  A. 标题栏下面有菜单　　　B. 标题栏上无最小化按钮
  C. 不可移动　　　D. 不可随意改变大小

（80）下列叙述中正确的是（　　）。

  A. 利用 DEL ＊.＊ 能删除包括系统文件和隐含文件在内的所有文件
  B. Windows 充分为用户考虑，关机时只需退出应用程序直接关闭电源即可
  C. 按<Shift+ Delete>键删除文档时，不经过回收站，直接删除
  D. 以上均不对

2. 多项选择题

（1）多任务是 Windows 的特点之一，多任务是指能够同时运行多个应用程序或同一应用程序的多个备份，这意味着（　　）。

  A. 能够同时打开（执行）的应用程序的个数没有限制
  B. 能够同时打开（执行）的应用程序的个数受到微型计算机系统性能如 CPU 速度、内存容量、硬盘可用空间等因素的限制
  C. 同时打开的应用程序执行的优先级别是相同的
  D. 同时打开的应用程序执行的优先级别是不同的，当前应用程序（与当前窗口对应的应用程序）执行的优先级别相对于其他应用程序最高

（2）以下（　　）程序是 Windows 7 自带的应用程序。

  A. 记事本　　　B. 写字板　　　C. Excel　　　D. 画图

（3）下面关于 Windows 桌面上的图标的叙述，说法正确的有（　　）。

  A. 双击"我的电脑"图标可以浏览和使用所有计算机资源，包括本地的和网络上的
  B. 用户可以在桌面上添加图标，以表示自己的文档、文件夹或快捷方式
  C. "我的电脑"是系统的一个文件夹
  D. "回收站"用于存放被删除的对象，位于回收站中的对象不能再被删除

（4）下面关于 Windows 桌面图标的叙述，说法正确的有（　　）。

  A. 每个图标由两部分组成，一个是图标的图案，一个是图标的标题

B. 图标的图案用来说明图标是做什么用的,所有图标的图案是不可以改变的
C. 图标的标题用来说明图标是做什么用的,它是可以改变的
D. 图标的位置是固定不能改变的

(5) 在桌面上,可以对图标进行的操作包括(　　)。
A. 移动图标的位置　　　　　　　B. 自动排列图标
C. 改变快捷方式为文件夹　　　　D. 改变图标图案

(6) 对窗口最小化,下列说法正确的有(　　)。
A. 窗口最小化以后该窗口将被关闭
B. 窗口最小化以后该窗口并没有被关闭
C. 窗口最小化以后任务栏上的该窗口按钮被取消
D. 窗口最小化以后任务栏上的该窗口按钮仍存在,但处于弹起状态

(7) 有关窗口中的滚动条,正确的说法有(　　)。
A. 当窗口工作区容纳不下要显示的内存时,就会出现滚动条
B. 同一窗口中可同时有垂直和水平滚动条
C. 滚动块位置反映窗口信息的相对位置
D. 滚动条可以通过设置取消

(8) 下面是关于窗口与对话框的比较,正确的有(　　)。
A. 窗口的大小可以被改变,对话框的大小是固定不变的
B. 窗口和对话框均含有命令菜单
C. 窗口和对话框均有活动和非活动之分
D. 窗口和对话框的位置在屏幕上均可以改变

(9) 下面是关于窗口的描述,正确的有(　　)。
A. 任何时候只有一个活动窗口
B. 活动窗口总是最大化的,非活动窗口总是最小化的
C. 一个应用程序窗口对应一个应用程序
D. 应用程序最小化,意味着该应用程序的执行被终止

(10) 有关文件和文件夹的描述,正确的有(　　)。
A. Windows 中的文件和文件夹名字不应超过 255 个汉字
B. 不同类型的文件通常具有不同的图标形式
C. 在文件夹窗口中可以创建文件夹,也可以存放文件和快捷方式
D. 快捷方式就是文件的不同表述

(11) 关于选定文件和文件夹的描述,正确的有(　　)。
A. 对某个对象进行复制、改名等操作前,必须选定该对象
B. 一次可以选定多个对象,进行移动和复制操作

C. 对象一旦选定，就无法取消这次选定

D. 一次可以选定多个对象同时进行重命名操作

(12) 关于文件和文件夹的操作，正确的有(　　)。

A. 在"文件夹"窗口中，执行"文件""新建"命令可以新建文件夹

B. 右击"文件夹"窗口的空白处，在弹出的快捷菜单中执行"新建"命令可以新建文件夹

C. 右击文件或文件夹，在弹出的快捷菜单中执行"新建"命令可以新建文件夹

D. 单击文件或文件夹名称，可以对文件或文件夹进行重命名

(13) Windows 的窗口类型有(　　)。

  A. 文件夹窗口   B. 应用程序窗口

  C. 文档窗口   D. 桌面

(14) 下列关于 Windows 剪贴板的说法，正确的有(　　)。

A. 利用剪贴板可以实现一次剪切，多次粘贴的功能

B. 利用剪贴板可以实现文件或文件夹的复制和移动，但不适用于快捷方式

C. 复制或剪切新内容时，剪贴板上的原有信息将被覆盖

D. 关闭 Windows 操作系统，剪贴板中的信息丢失

(15) 下面是关于 Windows 剪贴板机制的描述，正确的有(　　)。

A. 剪贴板是 Windows 提供的多个应用程序之间一种信息共享机制

B. 剪贴板是在主存储器中开辟的一块存储空间

C. 剪贴板是在外存储器中开辟的一块存储空间

D. 剪贴板是高速缓冲存储器中开辟的一块存储空间

(16) 在 Windows "资源管理器"窗口中，当选定文件或文件夹后，能完成同一磁盘上文件或文件夹复制的操作有(　　)。

A. 拖动选中的对象到目的文件夹，然后释放鼠标左键即可

B. 按住<Ctrl>键，同时拖动选中的对象到目的文件夹

C. 按<Ctrl+C>组合键→单击目的文件夹→按<Ctrl+V>组合键

D. 单击工具栏上"复制"按钮→单击目的文件夹→单击工具栏上"粘贴"按钮

(17) 在 Windows 中，"我的电脑"可以实现的操作是(　　)。

A. 修改文件和文件夹的名字

B. 修改文件和文件夹的属性

C. 复制文件和文件夹

D. 为文件和文创建快捷方式

(18) 在 Windows 系统中，有关磁盘的格式化问题，下列说法正确的是(　　)。

A. 磁盘的格式化分为部分格式化、完全格式化和快速格式化

B. U 盘也可以格式化

C. 格式化之后，磁盘的数据将全部丢失

D. 部分格式化是对某盘（如 C 盘）的一部分格式化，其余部分内容保持不变

（19）可以在"任务栏和'开始'菜单属性"对话框中设置(　　)。

A. 添加输入法　　　　　　　　B. 自动隐藏任务栏

C. 显示，隐藏时钟　　　　　　D. 显示，隐藏输入法在任务栏上的指示

（20）磁盘格式化操作具有(　　)等功能。

A. 划分磁道、扇区　　　　　　B. 设定 Windows 版本号

C. 复制 Office 软件　　　　　　D. 建立目录区

（21）Windows 中可对软盘进行格式化的有（　　）。

A. 控制面板　　　　　　　　　B. "我的电脑"文件夹

C. 资源管理器　　　　　　　　D. 我的文档

（22）下列字符中，Windows 长文件名不能使用的字符有（　　）。

A. <　　　　　B. ?　　　　　C. :　　　　　D. ;

（23）在 Windows 中做复制操作时，第一步首先应（　　），第二步操作快捷键是(　　)。

A. 光标定位　　　　　　　　　B. 选定复制对象

C. 按<Ctrl+C>　　　　　　　　D. 按<Ctrl+V>

E. 按<Ctrl+D>

（24）在 Windows 中，通过"资源管理器"能浏览计算机上的（　　）等对象。

A. 文件　　　　　　　　　　　B. 文件夹

C. 打印机文件夹　　　　　　　D. 控制面板

（25）在 Windows 中，想把 D：YYLJ 文件复制到 A 盘，可以的使用方法有（　　）。

A. 在资源管理器窗口，直接把 D：YYLJ 拖到 A：

B. 在资源管理器窗口，按住 Ctrl 键不放的同时把 D：YYLJ 拖到 A：

C. 右击 D：YYLJ，在快捷菜单选择"发送到"、再选择 A：

D. 点击 D：YYLJ、点击常用工具的"复制"钮、点击 A：

E. 点击常用工具的"粘贴"钮

（26）英文录入时大小写切换键是（　　），还可在按（　　）的同时按字母来改变大小写。

A. <Tab>　　　　　　　　　　B. <Capslock>

C. <Ctrl>　　　　　　　　　　D. <Shift>

E. <Alt>

（27）在 Windows 的"关闭系统"对话框中，有哪几种选择（　　）。

A. 关闭计算机　　　　　　　　　B. 重新启动计算机
C. 关闭程序窗口　　　　　　　　D. 重新启动计算机并切换到 MS-DOS 方式

（28）在 Windows 的查找操作中（　　）。

A. 可以按文件类型进行查找

B. 不能使用通配符

C. 如果查找失败，可直接在输入新内容后单击"开始查找"按钮

D. "查找结果"列表框中可直接进行拷贝或进行删除操作

（29）在 Windows 窗口的标题栏上可能存在的按钮有（　　）。

A. "最小化"按钮　　　　　　　　B. "最大化"按钮
C. "关闭"按钮　　　　　　　　　D. "还原"按钮

（30）在 Windows 中，能够关闭一个程序窗口的操作有（　　）。

A. 按<Alt+F4>键

B. 双击菜单栏

C. 执行"文件"菜单中的"关闭"命令

D. 单击菜单栏右端的"关闭"按钮

3. 判断题

（1）Windows 中每个应用程序都有一个剪贴板。　　　　　　　　　（　　）

（2）在 Windows 中，若在某一文档中连续进行了多次剪切操作，关闭该文档后，"剪贴板"中存放的是空白。　　　　　　　　　　　　　　　　　　　　（　　）

（3）在 Windows 的窗口中，选中末尾带有省略号的菜单意味着该菜单项已被选用。
　　　　　　　　　　　　　　　　　　　　　　　　　　　　　　　（　　）

（4）在 Windows 的"资源管理器"同一驱动器中的同一目录中，允许文件重名。
　　　　　　　　　　　　　　　　　　　　　　　　　　　　　　　（　　）

（5）WINDOWS 的任务栏只能位于桌面的底部。　　　　　　　　　（　　）

（6）在 WINDOWS 中，对文件夹也有类似于文件一样的复制、移动、重新命名以及删除等操作，但其操作方法与对文件的操作方法是不相同的。　　　　　（　　）

（7）在 Windows 资源管理器中，按（Esc）键可删除文件。　　　　（　　）

（8）在 Windows 资源管理器中，改变文件属性可以执行"文件"菜单项中的（属性）命令。　　　　　　　　　　　　　　　　　　　　　　　　　　　　（　　）

（9）在 Windows 资源管理器中，单击第一个文件名后，按住（Shift）键，再单击最后一个文件，可选定一组连续的文件。　　　　　　　　　　　　　（　　）

（10）在 Windows 资源管理器中，执行菜单项中的"剪切"命令只能剪切文件夹。
　　　　　　　　　　　　　　　　　　　　　　　　　　　　　　　（　　）

（11）在 Windows 资源管理器中，创建新的子目录，可以执行"文件"菜单项中的

"新建"下的"文件夹"命令。 （ ）

（12）在Windows中，单击资源管理器中的（帮助）菜单项，可显示提供给用户使用的各种帮助命令。 （ ）

（13）在Windows资源管理器中，当删除一个或一组子目录时，该目录或该目录组下的所有子目录及其所有文件将被删除。 （ ）

（14）在Windows中在使用"资源管理器"时，激活工具栏的步骤是"资源管理器"→"文件"→"工具栏"。 （ ）

（15）在Windows的资源管理器中，执行"文件"菜单项中的"新建"命令，可删除文件夹或程序项。 （ ）

（16）Windows中同时按<Alt + Shift + Del>三键可以打开"任务管理器"以关闭那些不需要的或没有响应的应用程序。 （ ）

（17）在Windows中，当多个窗口同时打开时，可用<Alt+ Esc>或<Alt+Tab>键盘操作在各个窗口之间切换。 （ ）

（18）"回收站"里面存放着用户删除的文件。如果想再用这些文件，可以从回收站中执行"还原"操作。如果不再用这些文件，可以清空回收站。 （ ）

（19）为调整显示器的属性，除了可用控制面板中的"显示"命令外，还可以用在桌面的空白处单击鼠标右键，在弹出来的快捷菜单中执行"显示"命令。 （ ）

（20）资源管理器窗口左边的窗格是一个层次结构，桌面位于最高层，"我的电脑""网上邻居"等内容位于第二层。 （ ）

（21）要在Windows中使用打印机，可在"我的电脑"窗口中选择打印机命令图标来添加一个打印机。 （ ）

（22）要想使本机联结的打印机能被网上邻居们使用，必须将该打印机设置成共享状态。
 （ ）

（23）要想使用网上邻居的打印机，在添加打印机时要选择添加网络打印机图标。
 （ ）

（24）在Windows中，将选定的内容剪切到剪贴板中的快捷键是按<Ctrl+X>键。
 （ ）

（25）在Windows中，将选定的内容复制到剪贴板中的快捷键是按<Ctrl+C>键。
 （ ）

（26）在Windows中，将剪贴板中粘贴到当前位置的快捷键是按<Ctrl+ V>键。（ ）

（27）在Windows以及它的各种应用程序中，获取联机帮助的快捷键是按F1功能键。
 （ ）

（28）关闭窗口的快捷键是<Alt + F1>。 （ ）

（29）选定全部内容的快捷键是<Ctrl + A>。 （ ）

(30) 在工作区中,将已选定的内容取消而将未选定的内容选定的操作叫作反向选定。(   )

(31) 用来打开窗口控制菜单的快捷键是 Alt+Shift。(   )

(32) Windows 是多用户操作系统,要想为本机增添新用户,在控制面板中执行"用户"命令。(   )

(33) 我的电脑窗口中,要显示或隐藏工具栏时,在查看菜单中选择工具栏命令。(   )

(34) 要显示"我的电脑"中有关文档和文件夹目录的详细情况,可在查看菜单中选择详细资料命令。(   )

(35) "我的电脑"窗口中文档的详细资料一般包括"名称"、大小、类型和修改时间这四项。(   )

(36) 要想按某种顺序排列"我的电脑"中的对象,可在查看菜单中选择"排列图标"命令。(   )

(37) 在 Windows 中,一般情况下,不显示具有隐藏属性的文档的目录资料。(   )

(38) 要设置和修改文件夹或文档的属性,可用鼠标右键单击该文件夹或文档的图标,再执行属性命令。(   )

(39) 方便左手习惯的人使用鼠标,可在控制面板中执行"鼠标"命令,再选择"左手习惯"选项后,按确定按钮。(   )

(40) 关闭屏幕保护程序的方法之一是在控制面板中选择显示命令,然后在屏幕选项卡中的屏幕保护程序下拉列表框中选择保护程序选项。(   )

(41) 在 Windows 中,要删除已经安装好的应用程序,可在控制面板中执行添加/删除程序命令。(   )

(42) 在 Windows 中,删除已经安装的应用程序就是删除与此应用程序相关的文件及文件夹。(   )

(43) 在 Windows 中,要删除或添加 Windows 组件,可在控制面板中执行添加/删除程序命令。(   )

(44) 要查看系统硬件配置等信息,可在控制面板中执行"系统"命令,或用鼠标右键单击桌面上的我的电脑图标。(   )

(45) 对话框和窗口的标题栏非常相似,不同的是对话框的标题栏左上角没有控制图标,右上角没有改变大小的按钮。(   )

(46) 对话框和普通窗口一样可以调整大小。(   )

(47) 对话框和普通窗口一样可以最大化及最小化。(   )

(48) 记事本程序默认的文档扩展名是 TXT。(   )

(49) 在 Windows 中,如果需要彻底删除某文件或者文件夹,可以按<Shift+Del>组合键。(   )

(50) 在 Windows 的"附件"中,可以通过"画图"软件来创建、编辑和查看图片。
(　　)
(51) Windows 中在回收站中的文件不能被直接打开。(　　)
(52) 启动 Windows 后,出现在屏幕的整个区域称为桌面。(　　)
(53) Windows 中"快捷方式"的目的就是允许一个对象同时在两个地方存在。
(　　)
(54) Windows 中"快捷方式"是一种快捷方式类型的文件,其扩展名为、lnk
(　　)
(55) 在 Windows 中 MIDI 是以特定格式存储图像的文件类型。(　　)
(56) Windows 注册表存储着文件与程序的关联关系。(　　)
(57) 在 Windows 中,通过单击"我的电脑"中的"打印机"中的"添加打印机"图标,可以添加打印机。(　　)
(58) Windows 中组合键<Ctrl+V>的功能同菜单中的粘贴功能相同。(　　)
(59) Windows 中组合键<Ctrl+C>的功能同菜单中的复制相同。(　　)
(60) Windows 中剪贴板是内存中一个临时存放信息的特殊区域。(　　)
(61) Windows 7 可以对磁盘进行格式化、整盘复制、磁盘整理等操作。(　　)
(62) 在 Windows 7 中,被删除的文件或文件夹将存放在 TEMP 文件夹中。(　　)
(63) Windows 7 资源管理器窗口的标题名是不会改变的。(　　)
(64) 在计算机网络中,LAN 网指的是广域网。(　　)
(65) 在 Windows 7 中按 Shift+空格键,可以启动或关闭中文输入法。(　　)
(66) 无论何时,一旦选择文档菜单中的"暂停打印"命令就能终止打印机当前的工作状态。(　　)
(67) Windows 7 中的快捷方式是由系统自动提供的,用户不能修改。(　　)
(68) 在启动系统时,当内存检查结束后,立即按 F4 键,可以不启动 Windows 而直接进入 MS-DOS 系统。(　　)
(69) 在 Windows 7 中,一次只能删除一个对象。(　　)
(70) 在 Windows 7 中按 Shift+空格键,可以在英文和中文输入法之间切换。(　　)
(71) 在 Windows 7 资源管理器窗口中创建的子目录,创建后立刻就可以在文件夹窗口中看到。(　　)
(72) 在 Windows 7 资源管理器窗口中可以只列出文件名。(　　)
(73) 在 Windows 7 中,利用控制面板窗口中的"安装新硬件"向导工具,可以安装任何类型的新硬件。(　　)
(74) Windows 7 的窗口是不可改变大小的。(　　)
(75) 按下 F5 键即可在资源管理器窗口中更新信息。(　　)

（76）在 Windows 7 资源管理器窗口中单击某一文件夹的图标就能看到该文件夹的所有内容。   （ ）
（77）Windows 7 所有操作都可以通过桌面来实现。   （ ）
（78）在 Windows 7 中可以为应用程序建立快捷图标。   （ ）
（79）打开一个文档类似于 DOS 的 TYPE 命令只能显示不能修改。   （ ）
（80）当一个应用程序窗口被最小化后，该应用程序的状态被终止运行。（ ）

习题 2.3 文字处理软件 Word 2010

1. 单项选择题

(1) 在 Word 中，对标尺、缩进等格式的设置除了使用以厘米为度量单位外，还增加了"字符"度量单位，可通过选择(　　)在其打开的对话框中设置度量单位。

A. "选项"命令　　B. "替换"命令　　C. "段落"命令　　D. "新建样式"命令

(2) 在 Word 中，可以通过"打开"或"另存为"对话框对选择的文件进行管理，但不能对选择的文件进行(　　)操作。

A. 复制　　　　B. 重命名　　　　C. 删除　　　　D. 修改属性

(3) 当对某段设置的行距为 12 磅的"固定值"时，在该段落中插入一幅高度大于行距的图片，结果为(　　)。

A. 系统显示出错信息，图片不能插入

B. 图片能插入，系统自动调整行距，以适应图片高度的需要

C. 图片能插入，图片自动浮于文字上方

D. 图片能插入，但无法全部显示插入的图片

(4) 在页眉或页码插入日期域代码的情况下，在文档打印时日期将(　　)。

A. 随实际系统日期改变　　　　　　B. 固定不变

C. 变或不变根据用户设置　　　　　D. 无法预见

(5) 关于编辑页眉页脚，下列叙述中不正确的是(　　)。

A. 文档内容和页眉页脚可在同一窗口编辑

B. 文档内容和页眉页脚一起打印

C. 编辑页眉页脚时不能编辑文档内容

D. 页眉页脚中也可以进行格式设置和插入剪贴域

(6) 在 Word 中要查看文档中设置的页眉或页脚，以下叙述中正确的是(　　)。

A. 只能在大纲视图中查看

B. 只能在普通视图或页面视图中查看

C. 只能在页面视图或打印预览中查看

D. 既可在页面视图或打印预览中查看，也可使用页眉、页脚命令查看

(7) 要将整个文档中所有英文改为首字母大写，非首字母小写，以下操作中正确的是(　　)。

A. 执行"替换"命令，在其打开的对话框中进行相应设置

B. 使用"字体"对话框，在其打开的对话框中进行相应设置

C. 没有办法实现

D. 使用字体格式中的"更改大小写"命令，在其打开的对话框中进行相应设置

(8) 要对一个文档中多个不连续的段落设置相同的格式，最有效的操作方法是(　　)。

A. 插入点定位在样板段落后，单击"格式刷"按钮，再将鼠标指针拖过其他段落

B. 选用同一个"样式"来格式化这些段落

C. 手动逐个格式化这些段落

D. 利用"替换"命令来格式化这些段落

(9) 当选择文档中的非最后一段进行分栏操作后，则会在(　　)视图看到分栏的效果。

　　A. 草稿　　　　　B. 页面　　　　　C. 大纲　　　　　D. Web 版式

(10) 当对某段进行"首字下沉"操作后，再选中该段进行分栏操作，这时"分栏"命令无效，原因是(　　)。

A. 首字下沉、分栏操作不能同时进行，也就是设置了首字下沉，就不能分栏

B. 分栏只能对文字操作，不能作用于图形，而首字下沉后的字具有图形的效果，只要不选择下沉的字，就可进行分栏

C. 计算机有病毒，应先清除病毒，再分栏

D. Word 软件有问题，重新安装 Word，再分栏

(11) 当文档格式转换时，应注意在打开的"另存为"对话框中的(　　)中选择文件的存盘类型。

　　A. 文件名　　　B. 文件属性　　　C. 文件类型　　　D. 文件扩展名

(12) 在 Word 中最多可以同时打开(　　)个文档。

　　A. 10　　　　　　　　　　　　　　B. 5

　　C. 9　　　　　　　　　　　　　　D. 任意多个，但受内在容量的限制

(13) 下列文件格式中(　　)是无格式文本文件的扩展名。

　　A. .dot　　　　B. .doc　　　　C. .ftf　　　　D. .txt

(14) 在 Word 表格中，下列对快捷的描述中不正确的是(　　)。

A. 按 Shift+ Tab 键将插入点移到上一个单元格

B. 按 Alt +Home 键将插入点移到当前行的第一个单元格

C. 按 Alt+ PgUp 键将插入点移到当前列的顶单元格

D. 按 Alt+ PgDn 键将插入点移到当前行的最后单元

（15）在每一个 Office 应用程序中，都有"保存"命令和"另存为"命令，以下概念中正确的是(   )。

A. 当文档首次存盘时，只能执行"保存"命令

B. 当文档首次存盘时，只能执行"另存为"命令

C. 当文档首次存盘时，无论执行"保存"命令或"另存为"命令，都会出现"另存为"对话框

D. 当文档首次存盘时，无论执行"保存"命令或"另存为"命令，都会出现"保存"对话框

（16）在 Word 中，要复制字符或段落格式，可选择(   )。

A. "撤销"按钮　　B. "恢复"按钮　　C. 格式刷　　　　D. "粘贴"命令

（17）WPS、Word 等字处理软件属于(   )。

A. 管理软件　　　B. 网格软件　　　C. 应用软件　　　D. 系统软件

（18）删除一个段落标记后，前后两段文字将合成一段，原段落格式编排(   )。

A. 没有变化　　　　　　　　　　　B. 后一段将采用前一段的格式

C. 前一段变成无格式　　　　　　　D. 前一段将采用后一段的格式

（19）关于选择文本内容的操作，以下叙述中不正确的是(   )。

A. 在文本选择区单击一次可选择一行

B. 可以通过鼠标拖动或键盘组合操作选择任何一块文本

C. 可以选择两块不连续的内容

D. 按 Alt+A 键可以选择全部内容

（20）关于 Word 工具栏的"新建"按钮与"文件"→"新建"命令，下列叙述中不正确的是(   )。

A. 它们都可以建立的新文档

B. 它们的作用完全相同

C. "新建"按钮操作没有模板选项

D. "文件"→"新建"命令有模板选项

（21）在 Word 的"文件"选项中列出的几个文件名是(   )。

A. 用于文件的切换　　　　　　　B. Word 最近处理过的文件名

C. 这些文件已打开　　　　　　　D. 正在打印的文件名

（22）在文本编辑状态下，执行"复制"命令后，(   )。

A. 将选定的内容复制到插入点处

B. 将剪贴板的内容复制到插入点处

C. 将选定的内容复制到剪贴板

D. 将选定内容的格式复制到剪贴板

(23) 以下关于"拆分表格"命令的叙述中,正确的是( )。

A. 可以把表格按表格具有的列数,逐一拆分成几列

B. 可以把表格按操作者所需,拆分成两个以上的表格

C. 只能把表格按插入点为界,拆分为左右两个表

D. 只能把表格按插入点为界,拆分为上下两个表

(24) 在 Word 2010 中要插入组织结构图,需要执行( )命令。

A. "开始"→"形状"　　　　　　B. "插入"→"剪贴画"

C. "插入"→"艺术字"　　　　　D. "插入"→"SmartArt"

(25) 在 Word 中,有关表格操作的以下说法中不正确的是( )。

A. 文本能转换成表格　　　　　B. 表格能转换成文本

C. 文本与表格可以相互转换　　D. 文本与表格不能相互转换

(26) 在 Word 中,以下关于表格的叙述中正确的是( )。

A. Word 无法对单元格的行高、列宽进行精确的设置

B. 可通过"表格属性"命令来设置行高和列宽

C. 无法通过拖动标尺来设置单元格的行高、列宽

D. Word 表格的功能越来越削弱了

(27) 在 Word 中,通过"公式"命令选择所需的函数,并对表格单元格的内容进行统计,以下叙述中正确的是( )。

A. 当被统计的数据改变时,统计的结果不会自动更新

B. 当被统计的数据改变时,统计的结果会自动更新

C. 没有办法实现

D. 以上叙述均不正确

(28) 在 Word 中,用户可以将文档左右两端都充满页面,字符少的则自动加大间距,这种对齐方式被称为( )。

A. 两端对齐　　B. 分散对齐　　C. 左对齐　　D. 右对齐

(29) 以下对 Word 查找和替换功能的叙述中,不正确的是( )。

A. 能够查找和替换格式或样式的文本

B. 能够查找图形对象

C. 能够用通配符进行快速、复杂的查找和替换

D. 能够查找和替换文本中的格式

(30) 默认情况下,输入了错误的英文单词时,会( )。

A. 系统响铃,提示出错　　　　B. 在单词下有绿色下画波浪线

C. 在单词下有红色下画波浪线　D. 自动更正

(31) 若在 Word 中连续执行了多次复制操作，则系统会(　　)。

A. 提示出错信息

B. 将当前复制到剪贴板的内容覆盖原剪贴板上的内容

C. 弹出剪贴板对话框，显示剪贴板上复制（包括剪切）的次数

D. 以上情况均不会出现

(32) 在 Word 中，打开(　　)模式后，当按下键盘上的一个键时，插入点右边的字符会被替代掉。

  A. 编辑　　　　B. 插入　　　　C. 改写　　　　D. 录制宏

(33) 选定 Word 文本块后，(　　)拖动鼠标到需要处即可实现文本块的移动。

  A. 按住<Shift>健　　　　　　　　B. 按住<Ctrl+ Alt>键

  C. 按<Alt>键　　　　　　　　　　D. 无须按键

(34) 在 Word 中插入一幅图片后，要设置图片的版式，可以(　　)。

  A. 单击图片，打开"图片工具"选项卡设置版式

  B. 通过"插入"命令设置版式

  C. 通过"页面设置"命令设置版式

  D. 通过"视图"选项卡设置版式

(35) 关于行间距设置有下面两种说法，正确的是(　　)。

①在进行行距设置时，若在"行距"下拉列表框中选择"最小值"选项，而在"设置值"文本框中输入"12 磅"，则不论所选的段落字体大小如何，行间距都是 12 磅。

②行间距设置为"最小值"，意味着：若字体大，行间距有可能大于"设置值"文本框中的数；若字体小，行间距就会等于"设置值"文本框中的数。

  A. ①正确，②错误　B. ①错误，②正确　C. ①、②正确　　D. ①、②错误

(36) 在 Word 的编辑状态下，当前编辑文档中的字体全是宋体字，选择一段文字使之成反显状，先设定了楷体，又设定了仿宋体，则(　　)。

  A. 文档的全部文字的字体不变　　　B. 文档全文都是楷体

  C. 被选择的内容仍为宋体　　　　　D. 被选择的内容变为仿宋体

(37) Word 具有的功能是(　　)。

  A. 表格处理　　B. 绘制图形　　C. 自动更正　　D. 以上 3 项都是

(38) 图文混排是 Word 的特色功能之一，以下叙述中错误的是(　　)。

  A. 可以在文档中插入剪贴画　　　　B. 可以在文档中插入图形

  C. 可以在文档中使用文本框　　　　D. 可以在文档中使用配色方案

(39) 下列选项不属于 Word 窗口组成部分的是(　　)。

  A. 标题栏　　　B. 对话框　　　C. 菜单栏　　　D. 状态栏

(40) Microsoft Word 的替换功能无法实现(　　)的操作。

A. 将指定字母变成蓝色黑体

B. 将所有的字母 A 变成 B、所有的字母 B 变成 A

C. 删除所有的字母 A

D. 将所有的数字自动翻倍

(41) 在 Word 窗口的工作区中，闪烁的垂直条表示(　　)。

A. 鼠标位置　　B. 插入点　　C. 键盘位置　　D. 按钮位置

(42) 用 Microsoft Word 的页眉页脚功能无法实现的操作是(　　)。

A. 在页眉和页脚区域都设置页码　　B. 将图片设置成页眉

C. 在同一节文本中设置不同的页脚　　D. 在不同节的文本中设置相同的页眉

(43) Microsoft Word 的表格制作功能无法实现的操作是(　　)。

A. 将图片放入表格单元格

B. 将一个表格分割成左、右两个

C. 将一个表格分割成上、下两个

D. 将一个 4 列的表格直接变成等列宽的 5 列

(44) Word 程序启动后就自动打开一个名为(　　)的文档。

A. Noname　　B. Untitled　　C. 文件1　　D. 文档1

(45) 在 Word 中，如果要将文档中的某一个词组全部替换为新词组，应用(　　)命令。

A. "替换"　　B. "全选"　　C. "修订"　　D. "清除"

(46) 下列关于 Word 的叙述中，错误的是(　　)。

A. 按工具栏中的"撤销"按钮可以撤销上一次的操作

B. 在普通视图下可以用绘图工具绘制图形

C. 最小化的文档窗口被放置在工作区的底部

D. 剪贴板中保留的是最后一次剪切的内容

(47) 要把插入点光标快速移到 Word 文档的头部，应按(　　)键。

A. Ctrl+PageUp　　B. Ctrl+↓　　C. Ctrl+Home　　D. Ctrl+End

(48) 在 Word 中，如果当前光标在表格中某行最后一个单元格的外框线上，按 Enter 键后，(　　)。

A. 光标所在行加宽　　B. 光标所在列加宽

C. 在光标所在行下增加一行　　D. 对表格不起作用

(49) 在 Word 中，(　　)的作用是决定在屏幕上显示文本内容。

A. 滚动条　　B. 控制框　　C. 标尺　　D. 最大化按钮

(50) 要在 Word 中新建一个表格式履历表，最简单的方法是(　　)。

A. 用插入表格的方法　　B. 在新建中选择履历表格模板文档

C. 用绘图工具绘制表格　　　　　　D. 用"绘制表格"命令绘制表格

（51）在Word中，如果插入表格的内外框线是虚线，若将框线变成实线，则在（　　）中实现（光标在表格中）。

A. 单击"表格"的"虚线"按钮

B. 选择表格并右击，选择"表格属性"→"边框和底纹"命令

C. 选择"表格"的"选中表格"命令

D. 选择"格式"的"制表位"命令

（52）Word 2010中插入硬分页符的命令是（　　）。

A. "开始"→"分页"　　　　　　B. "插入"→"页码"

C. "插入"→"分页"　　　　　　D. "插入"→"对象"

（53）在Word 2010中，保存一个新建的文件后，要想此文件不被他人查看，可能在"另存为"对话框中执行"工具"→"常规选项"命令，设置（　　）。

A. 修改权限口令　　　　　　　B. 以只读方式打开

C. 打开文件时的密码　　　　　D. 快速保存

（54）在Word中，（　　）用于控制文档在屏幕上的显示大小。

A. 全屏显示　　B. 显示比例　　C. 缩放显示　　D. 页面显示

（55）快捷退出Word的方法是按（　　）键。

A. Ctrl+F4　　B. Alt+F4　　C. Shift+F4　　D. Tab+F4

（56）等于每行中最大字符高度2倍的行距被称为（　　）行距。

A. 2倍　　B. 单位　　C. 1.5倍　　D. 多位

（57）在Word 2010中，要插入键盘上没有的字符和符号，可选择（　　）选项卡的"符号"命令，屏幕显示"符号"对话框，从中选择字符和符号。

A. "开始"　　B. "插入"　　C. "引用"　　D. "加载项"

（58）如果在草稿视图方式下显示一个3栏文档时，将会看到（　　）。

A. 两栏　　B. 分节符　　C. 仅有一栏　　D. 空屏

（59）使用模板的过程是：执行（　　）命令，再选择模板名。

A. "文件"→"新建"　　　　　　B. "文件"→"打开"

C. "开始"→"样式"　　　　　　D. "插入"→"选项"

（60）在Word 2010中，如果一个表格长至跨页，并且每页都需要有表头，对于此格式的设置，以下说法正确的是（　　）。

A. 系统能自动生成　　　　　　B. 系统无法做到

C. 在每页复制一个表头　　　　D. 选择"表格工具"→"标题行重复"命令

（61）在创建完主文档，指定一数据源，插入合并域，准备好文档后，可用（　　）与

主文档合并。

　　A. 数据源　　　　B. 域名　　　　　C. 表格数据　　　D. 选择数据

(62) 要使 Word 能自动更正经常输错的单词,应使用(　　)功能。

　　A. 拼写检查　　　B. 自动更正　　　C. 自由表格　　　D. 自动拼写

(63) (　　)标记包含前面段落格式的信息。

　　A. 段落结束　　　B. 行结束　　　　C. 分页符　　　　D. 分节符

(64) 如果在查找对话框中没有选择全字匹配选项,Word 将同时查找(　　)。

　　A. new 和 knew　　B. there 和 their　C. can 和 could　　D. sew 和 su

(65) Word 把格式化分为(　　)3 类。

　　A. 字符、段落和句子　　　　　　　B. 字符、句子和页面

　　C. 句子、页面和段落　　　　　　　D. 字符、段落和页面

(66) 要给选定段落的左边添加边框,可单击"边框和底纹"对话框中的(　　)按钮。

　　A. "顶端框线"　B. "左端框线"　C. "内部框线"　D. "无框线"

(67) 当一页已满面并继续输入文本时,Word 将插入(　　)。

　　A. 硬分页符　　　B. 硬分节符　　　C. 软分页符　　　D. 软分节符

(68) 如果在草稿视图方式下显示一篇图文混排的文档,将会看到(　　)。

　　A. 文档的全部内容　　　　　　　　B. 排版后的效果

　　C. 只有文本没有图　　　　　　　　D. 有文本和图,但没有表格

(69) 当拖动表格最右边的垂直边框线时,整个表格的宽度(　　)。

　　A. 保持不变　　　B. 跟着变化　　　C. 大小加倍　　　D. 增加 1.5 倍

(70) 当插入点在表格的最后一行最后一个单元格时,按 Enter 键(　　)。

　　A. 会产生一新行　　　　　　　　　B. 将插入点移到新产生行的第一个单元格内

　　C. 将插入点向左移动　　　　　　　D. 使该单元格的高度增加

(71) 要选定一个图形,可(　　)。

　　A. 双击该图形　　B. 按 Ctrl+V 键　　C. 单击该图形　　D. 按 Ctrl 键

(72) 在表格中,选择整个一行或一列后,(　　)就能删除其中的所有文本。

　　A. 按空格键　　　B. 单击 Cut 按钮　C. 按 Delete 键　　D. 按 Ctrl 键

(73) 当插入点在表格的最后一行的最后一个单元时,按 Tab 键可(　　)。

　　A. 将插入点向右移动

　　B. 将插入点移到新产生行的第一个单元格内

　　C. 将插入点向左移动

　　D. 将插入点移到第一行的第一个单元格内

(74) 在 Word 中,(　　)可打开快捷菜单。

A. 单击　　　　B. 双击　　　　C. 双击鼠标右键　　D. 单击鼠标右键

(75) 在"首字下沉"对话框的"位置"选项中可选择的是(　　)。

A. 上移　　　　B. 悬挂　　　　C. 下移　　　　D. 前移

(76) 页面设置中不能进行的设置是(　　)。

A. 纸张大小　　B. 页面的颜色　　C. 页边距　　　D. 页的方向

(77) 要删除分节符，可将插入点置于分节线上，然后按(　　)键。

A. Esc　　　　B. Tab　　　　C. Enter　　　　D. Delete

(78) 以下关于"模板"的叙述中，不正确的是(　　)。

A. 模板是 Word 的一种特殊文档，其扩展名是 .dom

B. 模板提供了某些标准文档的制作方法

C. 如果要制作邀请函、Web 页等，可使用 Word 中的模板

D. 用户可以自己定义所需要的模板文档

(79) 执行"查询"操作的快捷键为(　　)。

A. Ctrl+S　　　B. Ctrl+F　　　C. Alt+S　　　D. Alt+F

(80) 要调整一个图形，应先(　　)。

A. 删除该图形　B. 移动该图形　　C. 激活该图形　　D. 缩放该图形

2. 多项选择题

(1) 在 Word 2010 中，若要选择一个段落，正确的方法有(　　)。

A. 在该段左端的选择栏，双击

B. 将鼠标指针置于该段某处，三击

C. 将鼠标指针置于该段段首，按<PgDn>键

D. 将鼠标指针置于该段中间，按<Shift+PgDn>组合键

(2) 在 Word 2010 的文档中，若要删除选定的内容，正确的操作是(　　)。

A. 按<Enter>键

B. 按<Delete>键

C. 按<Backspace>键

D. 执行"编辑"｜"清除"命令

(3) 在 Word 2010 中，选择整个文档的正确方法有(　　)。

A. 在该段左端的选择栏，三击

B. 在该段左端的选择栏，双击

C. 将鼠标指针置于文档中任一位置，三击

D. 按<Ctrl+A>组合键

(4) 选定 Word 文本块后，实现对文本块复制的正确操作有(　　)。

A. 将文本块拖动到目的位置

B. 按住<Ctrl>键，将文本块拖动到目的位置

C. 按住<Alt>键，将文本块拖动到目的位置

D. 按<Ctrl+C>组合键后，将插入点定位于目的位置，然后再按<Ctrl+V>组合键

(5) 以下关于 Word 2010 文档查看方式的叙述中，正确的有(　　)。

A. 在普通视图下可以查看设置好的页码、页眉和页脚

B. 在普通视图下，并不按分页符将文本分成多个页面显示，分页符被显示成一虚线

C. 在页面视图下可以直接用标尺调整左右页边距

D. 在页面视图下可以一屏显示多页文档

(6) 以下哪几种对齐方式是 Word 格式工具栏中所列的默认对齐方式(　　)。

A. 左对齐　　　　B. 右对齐　　　　C. 居中对齐　　　　D. 分散对齐

(7) 以下关于文本框的叙述，正确的是(　　)。

A. Word 2010 提供了横排和竖排两种类型的文本框

B. 通过改变文本框的文字方向可以实现横排和竖排的转换

C. 在文本框中可以插入图片

D. 在文本框中不可以使用项目符号

(8) 下列选项中，(　　)是 Word 2010 表格具有的功能。

A. 在表格中可以插入子表　　　　B. 在表格中插入图形

C. 提供了绘制表头斜线的功能　　　　D. 可以整体改变表格大小

(9) 要改变分栏中的栏宽，可以使用的方法是(　　)。

A. 使用快捷菜单　　　　B. 通过标尺调整

C. 执行"格式"|"分栏"命令　　　　D. 单击"常用"|"分栏"按钮

(10) 设置打印范围时，可以使用的分隔符有(　　)。

A. -　　　　B. *　　　　C. +　　　　D. ,

(11) 建立一个表格的方法有(　　)。

A. 单击"常用"工具栏中的"插入表格"按钮

B. 执行"表格"|"插入表格"命令

C. 执行"表格"|"绘制表格"命令

D. 单击"表格与边框"工具栏中的"绘制表格"按钮

(12) 在 Word 中，执行"格式"|"字体"命令，弹出"字体"对话框，可以设置(　　)。

A. 上、下标　　　　B. 字号大小

C. 行距　　　　D. 字符颜色

(13) 下列关于图形的叙述中，(　　)是正确的。

A. 依次单击各个图形可以选择多个图形

B. 按住"Shift"键，依次单击各个图形可以选择多个图形

C. 单击"绘图"工具栏上的"选择对象"按钮，在文本区内拖动一个范围，把将要选择的图形包括在虚线框中

D. 选择图形后，才能对其进行编辑操作

(14) Word 允许插入的图形对象包括(　　)。

A. 艺术字 B. 图片
C. 文本框 D. 自选图形

(15) 在 Word 排版时，当字体、字号确定之后，若要改变每行的打印字数，可以使用的方法有(　　)

A. 改变视图方式 B. 使用标尺调整
C. 改变缩进参数 D. 调整页边距

(16) 在 Word 2010 中，下列关于"间距"的叙述中正确的是(　　)。

A. 执行"格式" | "字体"命令，可以设置字符间距
B. 执行"格式" | "段落"命令，可以设置段前段后间距
C. 执行"格式" | "字体"命令，可以设置行间距
D. 执行"格式" | "段落"命令，可以设置行间距

(17) 在 Word 2010 中，将文字转换成表格时，可指定以下哪些项作为文本的分隔符(　　)

A. 段落标记　　B. 逗号　　C. 空格　　D. 制表符

(18) 在 Word 2010 中，链接图片与嵌入式图片的错误说法是(　　)。

A. 前者能随原图片的改变而更新，后者不能
B. 前者能删除，后者不能
C. 前者所占存储空间比后者小
D. 无论原图片是否在机器的外存中都可以修改链接和嵌入的图片

(19) Word 2010 中，页眉和页脚只会出现在(　　)中。

A. 页面视图 B. Web 版式视图
C. 打印文档 D. 普通视图

(20) 在 Word 2010 文档编辑中实现图文混合排版时，下列关于文本框的叙述正确的是(　　)。

A. 文本框中不仅可以输入文字，还可插入图形、表格等对象
B. 文本框中的图形不可以衬于文档中输入的文字的下方
C. 通过文本框，可以实现图形和文档中输入的文字的叠加，也可以实现文字环绕
D. 文本框中的文字只能横排

(21) 图文混排是 Word 的特色功能之一，以下说法正确的是(　　)。

A. 可以在文档中插入剪贴画

B. 可以在文档中使用配色方案

C. 可以在文档中使用文本框

D. 可以在文档中插入图形

(22) 在 Word 编辑状态下，可以进行的操作是(　　)。

A. 对选定的段落进行页眉、页脚设置

B. 在选定的段落内进行查找、替换

C. 对选定的段落进行拼写和语法检查

D. 对选定的段落进行字数统计

(23) 页眉是一种很常用的版面设计，以下(　　)中可以看到它。

A. 普通视图　　B. 页面视图　　C. Web 版式　　D. 打印预览

(24) 以下关于"保存"和"另存为"命令的叙述中，错误的是(　　)。

A. Word 保存的任何文档，都不能用写字板打开

B. 保存新文档时，"保存"与"另存为"的作用是相同的

C. 保存旧文档时，"保存"与"另存为"的作用是相同的

D. "保存"命令只能保存新文档，"另存为"命令只能保存旧文档

(25) 以下哪些属于 Word 中的段落格式。(　　)

A. 对齐方式　　B. 段落间距　　C. 字体大小　　D. 行距

(26) 有关拆分 Word 文档窗口的方法正确的是（　　）

A. 按 Ctrl+Enter 键

B. 按 Ctrl+Alt+S 键

C. 拖动垂直滚动条上方的拆分钮

D. "视图"／"拆分"命令

(27) 在 Word 中，以下哪些方法能够选定整个段落（　　）

A. 鼠标在行首单击，然后按键盘 Shilt 键再单击段尾

B. 鼠标在段内双击

C. 鼠标的段内任意处快速三击

D. Ctrl+鼠档在段内任意处单击

(28) 关于 word2010 中的云型标注，下面哪些说法是正确的：（　　）

A. 在云型标注中可以插入图片

B. 在云型标注中不可以插入图片

C. 在云型标注中可以使用项目符号和编号

D. 在云型标注中不可以使用项目符号和编号

(29) 利用"带圈字符"命令可以给字符加上：（　　）

A. 圆形

B. 正方形

C. 菱形

D. 三角形

(30) 有关"间距"的说法,正确的是:(　　)

A. 在"字体"对话框,可设置"字符间距"

B. 在"段落"对话框,可设置"字符间距"

C. 在"段落"对话框,可设置"行间距"

D. 在"段落"对话框,可设置"段落前后间距"

3. 判断题

(1) 中文 Word 编辑软件的运行环境是 Windows。　　　　　　　　(　　)

(2) 在中文 Word 下保存文件时,默认的文件扩展名是 .doc。　　　　(　　)

(3) 在 Word 中,当前正在编辑文档的文档名显示在标题栏。　　　　(　　)

(4) 执行"文件"菜单中的"关闭"命令项,将结束 Word 的工作。　(　　)

(5) 在 Word 中,状态栏的左边有四个视图按钮,从左到右依次是普通视图、web 版式视图、页面视图、大纲视图。　　　　　　　　　　　　　　　　(　　)

(6) 退出 Word 的键盘操作为 Alt+F4　　　　　　　　　　　　　　　(　　)

(7) 当鼠标指针通过 Word 编辑区时的形状为箭头。　　　　　　　　(　　)

(8) 文本编辑区内有一个闪动的粗竖线,它表示插入点,可在该处输入字符。
　　　　　　　　　　　　　　　　　　　　　　　　　　　　　　(　　)

(9) 在 Word 主窗口中,能打开多个窗口编辑多个文档,也能有几个窗口编辑同一个文档。　　　　　　　　　　　　　　　　　　　　　　　　　(　　)

(10) 在 Word 的编辑状态下,当前输入的文字显示在插入点处。　　(　　)

(11) 在 Word 的编辑菜单中,粘贴菜单命令呈灰色则表示该命令不可用。(　　)

(12) 当需要输入日期、时间等,可执行"插入"菜单中的"日期和时间"命令。
　　　　　　　　　　　　　　　　　　　　　　　　　　　　　　(　　)

(13) Word 允许我们用鼠标和键盘来移动插入点。　　　　　　　　　(　　)

(14) 在 Word 中,选定区域内的文本及对象以反相(黑底白字)显示以示区别。
　　　　　　　　　　　　　　　　　　　　　　　　　　　　　　(　　)

(15) "粘贴"的快捷键是 Ctrl+V。　　　　　　　　　　　　　　　　(　　)

(16) 在文档窗口中显示被编辑文档的同时,能显示页码、页眉、页脚的显示方式是页面视图方式。　　　　　　　　　　　　　　　　　　　　　　(　　)

(17) 打算将文档中的一段文字从目前位置移到另外一处,第一步应当复制。(　　)

(18) 在对文档进行编辑时,如果操作错误,可以执行"编辑"菜单里的"撤销"命令项。   （   ）
（19）在 Word 工作过程中，删除插入点光标右边的字符，按删除键（键）。（   ）
（20）为了方便地输入特殊符号、当前日期时间等，可以执行插入菜单下的相应命令。
                                                                （   ）
（21）Word 中要使用"字体"对话框进行字符编排，可选择"工具"菜单中的"字体"选项，打开"字体"对话框。   （   ）
（22）状态栏位于在 Word 窗口的最下方，用来显示当前正在编辑的位置、时间、状态等信息。   （   ）
（23）Word 中将剪贴板中的内容插入到文档中的指定位置，叫作粘贴。（   ）
（24）Word 对文件另存为另一新文件名，可执行"文件"菜单中的另存为命令。
                                                                （   ）
（25）Word 格式栏上的 B、I、U，代表字符的斜体、下划线标记、粗体。（   ）
（26）Word 中单击垂直滚动条的▼按钮，可使屏幕下滚一屏。   （   ）
（27）Word 中导入图片分为两种从文件导入和从剪贴板导入。   （   ）
（28）Word 文档缺省的扩展名为 XSL。   （   ）
（29）Word 中复制的快捷键是 Ctrl+C。   （   ）
（30）Word 中将鼠标指向工具栏的某个按钮，这时，一个黄色矩形会出现在按钮下并显示出按钮名称，此黄色矩形是工具提示信息。   （   ）
（31）Word 中可以通过使用"边框和底纹"对话框来添加边框。   （   ）
（32）Word 中取消最近一次所做的编辑或排版动作，或删除最近一次输入的内容，叫做撤销，仅能撤销一步操作。   （   ）
（33）Word 中如果键入的字符替换或覆盖插入点后的字符的功能叫改写方式。
                                                                （   ）
（34）Word 中如果双击左端的选定栏，一段就选择。   （   ）
（35）Word 中拖动标尺上的"移动表格列"，可改变表格列的宽度。   （   ）
（36）Word 中拖动标尺左侧上面的倒三角可设定首行缩进。   （   ）
（37）Word 中拖动标尺左侧下面的小方块可设定左边缩进。   （   ）
（38）Word 中文档中两行之间的间隔叫行距。   （   ）
（39）Word 中新建 Word 文档的快捷键是 Ctrl+O。   （   ）
（40）Word 中页边距是文字与纸张边界之间的距离。   （   ）
（41）在 Word 窗口的工作区中闪烁的垂直条表示插入点。   （   ）
（42）Word 是美国微软公司推出的办公应用软件的套件之一。   （   ）
（43）Word 中，Ctrl + Home 操作可以将插入光标移动到文档的开头。 （   ）
（44）Word 中要设置文字的边框，可以选择菜单项"格式"中的"边框和底纹"菜单选项。   （   ）
  (45) 控制器是对计算机发布命令的"决策机构"。   （   ）
  (46) 如果要将 Word 文档中的一个关键词改变为另一个关键词，需使用"编辑"菜单项中的"替换"命令。   （   ）
  (47) 基本 ASCLL 码包含 128 个不同的字符。   （   ）
  (48) 如果要设置 Word 文档的版面规格，需执行"文件"菜单项中的"页面设置"命令。   （   ）
  (49) 如果要在 Word 文档中寻找一个关键词，需使用"编辑"菜单项中的"查找"命令。   （   ）
  (50) 如果在 Word 的"打印"对话框中选定，页码范围表示打印指定的若干页。
                                                                      （   ）
  (51) 要选择光标所在段落，可三击该段落。   （   ）
  (52) 用户设置工具栏按钮显示的命令是在视图菜单中。   （   ）
  (53) 在 Word"打印"对话框中选定"当前页"，表示只打印光标所在的一页。
                                                                      （   ）
  (54) 在 Word 文档编辑过程中，如果先选定了文档内容，再按住 Ctrl 键并拖曳鼠标至另一位置，即可完成选定文档内容的复制操作。   （   ）
  (55) 在 Word 中，按键 Ctrl+V 与工具栏上的粘贴按功能相同。   （   ）
  (56) 在 Word 中，如果要对文档内容（包括图形）进行编辑，都要先选定操作对象。
                                                                      （   ）
  (57) 在 Word 中，如果要选定整个表格，可以执行"表格"菜单项中的"选定表格"命令。   （   ）
  (58) 在 Word 中，在选定文档内容之后，单击工具栏上的"复制"按钮，是将选定的内容复制到剪贴板。   （   ）
  (59) 在 Word 窗口中菜单栏下面是常用工具栏。   （   ）
  (60) 在 Word 文档编辑区的下方有一横向滚动条，可对文档页面作水平方向的滚动。
                                                                      （   ）
  (61) 在 Word 文档编辑区的右侧有一纵向滚动条，可对文档页面作垂直方向的滚动。
                                                                      （   ）
  (62) 在 Word 文档编辑区中，要删除插入点右边的字符，应该按 Backspace 键。
                                                                      （   ）
  (63) 在 Word 文档中插入一个图形文件，可以使用"插入"菜单项中的"图片"选项下的"来自文件"。   （   ）
  (64) 在 Word 中，按 Ctrl+B 键可以选定文档中的所有内容。   （   ）

（65）在 Word 中，按 Ctrl+S 键与工具栏上的保存按钮功能相同。　　　　（　）

（66）在 Word 中，单击常用工具栏中的"绘图"按钮，绘图工具栏会显示在屏幕的下方。　　　　　　　　　　　　　　　　　　　　　　　　　　　　　（　）

（67）在 Word 中，格式工具栏上标有"B"字母按钮的作用是使选定对象变为斜体。
　　　　　　　　　　　　　　　　　　　　　　　　　　　　　　　（　）

（68）在 Word 中，给选定的段落、表单元格、图文框及图形四周添加的线条称为边框。
　　　　　　　　　　　　　　　　　　　　　　　　　　　　　　　（　）

（69）在 Word 中，给选定的段落、表单元格、图文框添加的背景称为底纹。（　）

（70）在 Word 中，工具栏上标有剪刀图形按钮的作用是剪切选定对象。（　）

（71）在 Word 中，工具栏上标有软磁盘图形按钮的作用是保存文档。　（　）

（72）在 Word 中，列插入是指在选定列的左边插入一列。　　　　　　（　）

（73）在 Word 中，格式工具栏上标有"I"字母按钮的作用是使选定对象变为粗体。
　　　　　　　　　　　　　　　　　　　　　　　　　　　　　　　（　）

（74）在 Word 中，如果打开了两个以上的文档，可通过任务栏选择并切换到需要的文档。　　　　　　　　　　　　　　　　　　　　　　　　　　　　　（　）

（75）在 Word 中，如果放弃刚刚进行的一个文档内容操作（如粘贴），只需单击工具栏上的撤消按钮即可。　　　　　　　　　　　　　　　　　　　　　　（　）

（76）在 Word 中，如果将正在编辑的 Word 文档另存为纯文表格的格式会丢失。
　　　　　　　　　　　　　　　　　　　　　　　　　　　　　　　（　）

（77）在 Word 中，如果要为选定的文档内容加上波浪下划线，可执行"工具"菜单项中的"字体"命令。　　　　　　　　　　　　　　　　　　　　　　　（　）

（78）在 Word 中，如果要调整文档中的行间距，可执行"格式"菜单项中的"字体"命令。　　　　　　　　　　　　　　　　　　　　　　　　　　　　　（　）

（79）在 Word 中，如果要调整行距，可使用"格式"菜单项中的"段落"命令。
　　　　　　　　　　　　　　　　　　　　　　　　　　　　　　　（　）

（80）在 Word 中，如果要为文档自动加上页码，可以使用"插入"菜单项中的"页码"命令。　　　　　　　　　　　　　　　　　　　　　　　　　　　　（　）

习题 2.4 电子表格软件 Excel 2010

1. 选择题

（1）Excel 文件的扩展名为（   ）。
A．.doc 或 .docx   B．.xls 或 .xlsx   C．.ppt 或 .pptx   D．.mdb

（2）Excel 中的复制命令不能复制（   ）。
A．文件   B．图形   C．窗口   D．公式

（3）电子表格（Excel）不能完成的工作是（   ）。
A．处理数据   B．处理图形   C．处理表格   D．处理电子邮件

（4）Excel 中的一个工作簿最多可以包括（   ）个工作表。
A．3   B．16   C．255   D．256

（5）新建一个 Excel 工作簿默认包括（   ）个工作表。
A．3   B．16   C．255   D．256

（6）Excel 中处理的常数数据类型不包括（   ）。
A．超级链接地址   B．日期   C．数字   D．文字

（7）用科学记数法表示不合法的数据是（   ）。
A．12.34   B．1.234E+02   C．0.123 4E3   D．1.234E2

（8）选择不连续的数据块应按（   ）键并配合鼠标左键。
A．Alt   B．Shift   C．Ctrl   D．Enter

（9）与"年销售统计报表.xls"能匹配的通配符是（   ）。
A．*.*   B．*.xls   C．年*.xls   D．年?????.xls

（10）输入单元格后，系统默认为非字符常数是（   ）。
A．1234   B．字符串   C．ABCD   D．A123

（11）输入数字时，与 0.5 等价的合法分数是（   ）。
A．1/2   B．0 1/2   C．0.5   D．以上都不是

（12）输入日期"2012年6月24日"数据时，不合法的日期数据是（   ）。
A．6/24/2012   B．6-24-2012   C．2012-6-24   D．2012.6.24

（13）工作表中第 3 行第 8 列交叉点的单元格名称是（   ）。

A. H3C8　　　　B. H318　　　　C. C8　　　　D. H3

(14) 在单元格间移动指针光标应按(　　)键。

A. Ctrl　　　　B. Alt　　　　C. Shift　　　　D. Tab

(15) Excel 中不常用的输入方法是(　　)。

A. 英文　　　　B. 五笔　　　　C. 智能 ABC　　　　D. 电报码

(16) 表示从第 3 列的 1 行到第 10 行的单元格引用为(　　)。

A. C1-C10　　　　B. C1：C10　　　　C. C1，C10　　　　D. C1…C10

(17) 编辑数据颜色用到(　　)组命令。

A. 格式　　　　B. 编辑　　　　C. 数据　　　　D. 工具

(18) 下列为绝对引用的是(　　)。

A. =C1+C4*10　　　　B. =＄C＄1+＄C＄4*10

C. =＄C＄1+C4*10　　　　D. =C1+＄C＄4*10

(19) 以下为求最大值的函数是(　　)。

A. MIN（）　　　　B. MAX（）　　　　C. INT　　　　D. SUM（）

(20) 按图表指南，建立图表不包括(　　)操作。

A. 选择制表　　　　B. 选图类　　　　C. 选择数据对象　　　　D. 选择图例

(21) 工作表名称的最大长度为(　　)个字符。

A. 8　　　　B. 12　　　　C. 31　　　　D. 32

(22) Excel 中的一个工作表最多可以包括(　　)列。

A. 16 384　　　　B. 16　　　　C. 255　　　　D. 128

(23) 下列为单元格混合引用的是(　　)。

A. =C1+C4*10　　　　B. =＄C＄1+＄C＄4*10

C. =＄C1+C＄4*10　　　　D. 都不是

(24) 下列表达式中，不是计算 A1：B3 值的公式是(　　)。

A. =（A1+A2+A3+B1+B2+B3）/6　　　　B. （A1+A2+A3+B1+B3）/6

C. =AVERGE（A1：B3）　　　　D. =SUM（A1：B3）/6

(25) 下列操作中，(　　)不是针对工作表的。

A. 工作表重命名　　　　B. 工作表移动

C. 格式化数据　　　　D. 排列工作簿窗口

(26) 在 Excel 中不能执行的功能是(　　)。

A. 自动填充等比数列　　　　B. 自动联通上网浏览

C. 自动根据表格数据生成图表　　　　D. 自动格式化数据

(27) 将 C1 单元中的公式 =A1+B2 复制到 E5 单元中之后，E5 单元中的公式是(　　)。

A. =C3+A4　　　B. C5+D6　　　C. C3+D4　　　D. =A3+B4

(28) 在 Excel 中有一张学生的成绩表,若求单科 85 分以上的人数,可以用（　　）函数。

A. COUNT　　　B. COUNTIF　　　C. SUM　　　D. MAX

(29) 在 Excel 电子表格中,工作表 Sheetl 中 Al 单元格和 Sheet2 中 Al 单元格内容都是数值 5,要在工作表 Sheet3 的 Al 单元格中计算上述两个单元格的数值之和,正确的计算公式是（　　）。

A. =SUM（Sheet！A1：A1）　　　B. =SheetA1+SheetA1

C. =Sheet1！A1+Sheet2！A1　　　D. =SheetA1+Sheet2A1

(30) 在 Excel 中不用"打开"文件对话框就能直接打开最近使用过的 Excel 文件的方法是（　　）。

A. 单击"文件"→"最近所用文件"文件列表中的文件

B. 工具栏按钮方法

C. 快捷键

D. 执行"文件"→"打开"命令

(31) 新建一个工作簿后默认的第一张工作表的名称是（　　）。

A. Excel1　　　B. Sheet1　　　C. Book1　　　D. 表1

(32) 在 Excel 数据库中,如 B2：B10 区域中是某单位职工的工龄,C2：C10 区域中是职工的工资,求工龄大于 5 年的职工工资之和,应使用公式（　　）。

A. =SUMIF（B2：B10,">5",C2：C10）

B. =SUMIF（C2：C10,">5",B2：B10）

C. =SUMIF（C2：C10,B2：B10,">5"）

D. =SUMIF（B2：B10,C2：C10,">5"）

(33) 在 Excel 工作簿中,以下有关移动和复制工作表的说法中正确的是（　　）。

A. 工作表只能在所在工作簿内移动不能复制

B. 工作表只能在所在工作簿内复制不能移动

C. 工作表可以移动到其他工作簿内,不能复制到其他工作簿内

D. 工作表可以移动到其他工作簿内,也可复制到其他工作簿内

(34) 在 Excel 工作表中,日期型数据"2012 年 10 月 21 日"的正确输入形式是（　　）。

A. 21-10-2012　　B. 21.10.2012　　C. 21,10,2012　　D. 21：10：2012

(35) 在 Excel 中,一个工作表最多可含有的行数是（　　）。

A. 255　　　B. 256　　　C. 1048 576　　　D. 任意多

(36) 在 Excel 的高级筛选中,将筛选结果复制到其他位置是指( )。

A. 复制到其他文件中　　　　B. 复制到当前工作表的其他位置

C. 复制到其他工作表中　　　D. 以文件的形式另存到指定盘中

(37) 在 Excel 工作表中,( )的操作不会导致一个公式的结果出现错误。

A. 删除一个单元格　　　　　B. 清除一个单元格

C. 移动一个单元格　　　　　D. 插入一个单元格

(38) 在 Excel 的工作表中,把一个含有单元格坐标引用的公式复制到另一单元格中时,其

中所引用的单元格保持不变,这种引用的方式( )。

A. 为相对引用　　B. 为绝对引用　　C. 为混合引用　　D. 无法判定

(39) 在 Excel 中,将运算符按优先级由高到低排列,以下排列顺序正确的是( )。

A. 数学运算符、比较运算符、字符串运算符

B. 数学运算符,字符串运算符、比较运算符

C. 比较运算符,字符串运算符、数学运算符

D. 比较运算符、数学运算符、字符串运算符

(40) Excel 的数据库函数有 3 个参数,其中第 2 个参数用于指定统计的字段,在其中填入( )时不能正确进行计算。

A. 字段名所在单元格的坐标　　　B. 用双引号括起来的字段名

C. 字段在数据清单元中的序号　　D. 字段第 1 个记录所在单元格的坐标

(41) 在 Excel 中,若一个单元中显示出信息"#####",表示该单元格的( )。

A. 列宽不足　　　　　　　　B. 公式中的参数或操作数出现类型错误

C. 公式的结果产生溢出　　　D. 公式中引用了一个无效的单元格坐标

(42) 在 Excel 单元格内输入计算公式时,应在表达式前加一前缀字符( )。

A. 左圆括号"("　　　　　B. 等号"="

C. 美圆号"$"　　　　　　D. 单引号"'"

(43) 在单元格中输入数字字符串 100080(邮政编码)时,应输入( )。

A. 100080　　B. "100080　　C. '100080　　D. 100080

(44) 在 Excel 中,在打印学生成绩单时,对不及格的成绩用醒目的方式表示(如用红色表

示等),当要处理大量的学生成绩时,利用( )命令最为方便。

A. 查找　　　B. 条件格式　　　C. 数据筛选　　　D. 定位

(45) 在 Excel 中,A1 单元格设定其数字格式为整数,当输入"33.51"时,显示为( )。

A. 33.51　　B. 33　　C. 34　　D. ERROR

(46) 如要关闭工作簿，但又不想退出 Excel，可(　　)。
A. 执行"文件"→"关闭"命令　　B. 执行"文件"→"退出"命令
C. 单击 Excel 窗口的"关闭"按钮　　D. 执行"窗口"→"隐藏"命令

(47) 在 Excel 中，让某单元格里数值保留两位小数，下列(　　)不可实现。
A. 执行"数据有效性"命令
B. 选择单元格右击，执行"设置单元格格式"命令
C. 单击"增加小数位数"或"减少小数位数"按钮
D. 通过"设置单元格格式"对话框进行设置

(48) 在 Excel 中按文件名查找时，可用(　　)代替任意多个字符。
A. ?　　　　B. *　　　　C. !　　　　D. %

(49) 在 Excel 中，用户在工作表中输入日期，(　　)形式不符合日期格式。
A. '20-02-2000'　　　　B. 02-OCT-2000
C. 2000/10/01　　　　D. 2000-10-01

(50) 在 Excel 2010 页面视图中，增加页眉和页脚的操作是(　　)。
A. 执行"插入"→"页眉/页脚"命令
B. 执行"文件"→"页面设置"→"页面"命令
C. 执行"插入"→"名称"→"页眉/页脚"命令
D. 只能在打印预览中设置

(51) 在 Excel 中，使用格式刷将格式从一个单元传送到另一个单元格，其步骤为(　　)。
①选择新的单元格单击它　　②选择想要复制格式的单元格
③单击"格式刷"按钮
A. ①②③　　B. ②①③　　C. ①③②　　D. ②③①

(52) 在 Excel 中，使用"高级筛选"命令前，必须为之指定一个条件区域，以便显示出符合条件的记录（行），若为"与"运算指定条件区域，则条件应写在(　　)。
A. 同一行中　　B. 同一列中　　C. 不同行中　　D. 不同列中

(53) 在 Excel 中，也可以用(　　)表示比较条件是逻辑"假"的结果。
A. True　　B. 0　　C. 1　　D. NOT

(54) 可以用"设置单元格格式"对话框中的"对齐"选项组中的"垂直对齐"框来设置垂直对齐，在"垂直对齐"框中设有(　　)个单选项，用来确定单元格的数据在单元格内的纵向位置。
A. 4　　B. 5　　C. 6　　D. 7

(55) Excel 中的日期第一天是(　　)。

A. 1/1/1901 B. 1/1/1900 C. 当年的 1/1 D. 以上都不是

(56) 以下可用作函数的参数的是(　　)。

A. 数 B. 单元格 C. 区域 D. 以上都可以

(57) 在 Excel 中，要在同一工作簿中把工作表 Sheet3 移动到 Sheet1 前面，应(　　)。

A. 单击工作表 Sheet3 标签，并沿着标签行拖动到 Sheet1 前

B. 单击工作表 Sheet3 标签，并按住 Ctrl 键沿着标签行拖动到 Sheet1 前

C. 单击工作表 Sheet3 标签，并执行"复制"命令，然后单击工作表 Sheet1 标签，再执行"粘贴"命令

D. 单击工作表 SheeB 标签，并执行"剪切"命令，然后单击工作表 Sheet1 标签，再执行"粘贴"命令

(58) 输入公式时，由于输入错误，使系统不能识别输入的公式，此时会出现一个错误信息。#REF! 表示(　　)。

A. 没有可用的数值 B. 在不相交的区域中指定了一个交集

C. 公式中某个数字的问题 D. 引用了无效的单元格

(59) 右击一个图表对象时，会出现(　　)。

A. 一个图例 B. 一个快捷菜单 C. 一个箭头 D. 图表向导

(60) 在 Excel 中，"&"表示(　　)。

A. 算术运算符 B. 文字运算符 C. 引用运算符 D. 比较运算符

(61) 在 Excel 2010 中，要改变显示在工作表中的图表类型，应在(　　)选项卡中单击"更改图表类型"按钮，并选一个新的图表类型。

A. "图表工具" B. "格式" C. "插入" D. "工具"

(62) 生成图表的数据称为(　　)。

A. 数据系列 B. 数组 C. 数据 D. 以上都不是

(63) 在分类汇总前，数据清单的第 1 行里必需有(　　)。

A. 标题 B. 列标 C. 记录 D. 空格

(64) 在 Excel 2010 中，要给图表加标题，首先应单击要添加标题的图表，使图表的边框变为条纹边框，然后选择(　　)选项卡中的"图表布局"选项，输入标题。

A. 格式 B. 插入 C. 图表工具 D. 工具

(65) 在 Excel 2010 中，通过(　　)选项卡中的"打印"命令实现工作表的多份打印件。

A. 文件 B. 工具 C. 打印 D. 选项

(66) 在 Excel 2010 中，(　　)选项卡中可找到能够用于插入分页符的命令。

A. 文件 B. 插入 C. 页面布局 D. 视图

(67) 在 Excel 工作表的编辑过程中，格式刷的功能是(　　)。

A. 复制输入的文字　　　　　　B. 复制单元格的格式
C. 重复打开文件　　　　　　　D. 删除

(68) 在自定义筛选规则中可使用(　　)关系符。
A. 或　　　　B. 与　　　　C. 与和或　　　　D. IF

(69) 在选定单元格的操作中,先选定 A2,按住 Shift 键,然后单击 C5,这时选定的单元格区域为(　　)。
A. A2：C5　　B. A1：C5　　C. B1：C5　　D. B2：C5

(70) 在 Excel 2010 中,为了在屏幕上同时显示两个工作表,要使用"视图"选项卡中的"(　　)"命令。
A. 全部重排　　B. 冻结窗口　　C. 新建窗口　　D. 以上都不是

(71) 在(　　)两者之间可以建立链接。
A. 工作表
B. 工作簿
C. Excel 和另一个 Windows 应用程序之间
D. 以上都可以

(72) 把单元格指针移到 AZ100 的最简单的方法是(　　)。
A. 拖动滚动条
B. 按 Ctrl+ AZ100 键
C. 在名称框输入 AZ100,并按 Enter 键
D. 先按 Ctrl 键移到 AZ 列,再按 Ctrl+↓键移到 100 行

(73) 用(　　)使当前单元格显示 0.5。
A. 1/2　　B. "1/2"　　C. ="1/2"　　D. =1/2

(74) 在公式中输入'＄C1+E＄1'是(　　)。
A. 相对引用　　B. 绝对引用　　C. 混合引用　　D. 任意引用

(75) 下列序列中,不能直接利用自动填充快速输入的是(　　)。
A. 星期一、星期二、星期三……　　B. 第一类、第二类、第三类……
C. 甲、乙、丙……　　　　　　　　D. Mon、Tue、Wed……

(76) 已知工作表中 C3 单元格与 D4 单元格的值均为 0,C4 单元格中为公式"=C3=D4",则 C4 单元格显示的内容为(　　)。
A. C3=D4　　B. TRUE　　C. #N/A　　D. 0

(77) Excel 工作表的列坐标范围是(　　)。
A. A~IV　　B. A~XFB　　C. 1~256　　D. 1~512

(78) 在 Excel 规定可以使用的运算符中,没有(　　)运算符。
A. 算术　　B. 关系　　C. 逻辑　　D. 字符

(79) 下列有关运算符的叙述中，不正确的是( )。

A. 算术运算符的优先级低于关系运算符

B. 算术运算符的操作数与运算结果均为数值类型数据

C. 关系运算符的操作数可能是字符串或数值类型数据

D. 关系运算符的运算结果是 TRUE 或 FALSE

(80) Excel 工作表 A1 单元格的内容为公式 =SUM（B2：D7），在删除第 2 行后，A1 单元格的公式将调整为( )。

A. =SUM（ERR) B. =SUM（B3：D7)

C. =SUM（B2：D6) D. #VALUF!

2. 多项选择题

(1) 以下单元格引用中，属于混合引用的有( )。

A. B＄2　　　　B. ＄A2+E3　　　C. A2　　　　D. ＄CE＄20

(2) Excel 具有( )功能。

A. 设置工作表格式　　　　　　B. 数据筛选

C. 编辑工作表数据　　　　　　D. 打印工作表

(3) Excel 中合法的数值型数据包括( )。

A. ¥12003.45　　B. '12003　　C. 3.14　　D. 1.20E+03

(4) 以下关于 AVERAGE 函数使用正确的有( )。

A. AVERAGE（B2, B5, 4) B. AVERAGE（B3, B5)

C. AVERAGE（B2：B5, 4) D. AVERAGE（B2：B5, A3：A5)

(5) 选中表格中的某一行然后按【Delete】键，( )。

A. 该行被清除，同时该行所设置的格式也被清除

B. 该行被清除，但下一行的内容不上移

C. 该行被清除，同时下一行的内容上移

D. 该行被清除，但该行所设置的格式不被清除

(6) 以下关于 Excel 的退出操作，正确的是( )。

A. 执行"文件"｜"退出"命令，可以退出 Excel

B. 执行"文件"｜"关闭"命令，可以退出 Excel

C. 双击标题栏左侧图标，可以退出 Excel

D. 可以将在 Excel 中打开的所有文件一次性地关闭( )。

(7) Excel 具有自动填充功能，可以自动填充( )。

A. 日期　　　　B. 数值　　　　C. 任意序列　　　　D. 公式

(8) 在 Excel 中，有关对齐的说法，正确的是( )。

A. 默认情况下 Excel 中所有数值型数据均右对齐

B. 在默认情况下，所有文本在单元格中均左对齐

C. Excel 允许用户设置单元格中数据的对齐方式

D. 默认情况下 Excel 中所有数值型数据均居中对齐

（9）要在 Excel 的 D5 单元格中输入 A1、A2、B1、B2 四个单元格的平均值，正确的写法是（　　）。

  A. =AVERAGE（A1：B2）   B. =AVERAGE（A1，B2）

  C. =（A1+A2+B1+B2）/4   D. =AVERAGE（A1，A2，B1，B2）

（10）以下关于 Excel 存档保存的叙述，其中错误的是（　　）。

A. 工作簿中的每个工作表将作为一个单独的文档保存

B. 工作簿中无论有多少工作表，总是将整个工作簿作为一个文档保存

C. 用户可选择是以工作表为单位或以工作簿为单位保存

D. 工作簿中仅当前选定的工作表才能保存，其他工作表不会被保存

（11）在 Excel 中，设 B1、B2、B3、B4 单元格中分别输入了 100、星期一、6X、2008/8/8，则下列可以进行正确计算的公式是（　　）。

  A. =B1^2 B. =B1+B2 C. =B2+2 D. =B4+1

（12）Excel 将下列数据项视作数值的是（　　）。

  A. 2034.5 B. 15A587 C. 3.00E+02 D. -10214.8

（13）在 Excel 中，以下哪些不是公式的正确写法（　　）。

  A. A5*B4*   B. =A5+SUM（B4：C8，3）

  C. +A5+B4\3   D. =A5+B4：C8

（14）若单元格 A1：A5 中的数据均为数值型数据，关于函数 AVERACE（A1：A5，5）的说法正确的是（　　）。

A. 求 A1 到 A5 五个单元格的平均值

B. 求 A1、A5 两个单元格和数值 5 的平均值

C. 与函数 SUM（A1：A5，5）/6 等效

D. 等效于 SUM（A1：A5，5）/COUNT（A1：A5，5）

（15）以下为 Excel 中合法的数值型数据的有（　　）。

  A. 3.1415 B. 12&34 C. ￥1500.49 D. 70%

（16）在 Excel 中，如果建立了一个嵌入式图表，之后要对其中的数据编辑，下列可执行的命令有（　　）。

A. 将图表选中，然后执行"图表"｜"源数据"命令

B. 双击图表区，然后执行"图表"｜"源数据"命令

C. 右击图表区，在弹出的快捷菜单中执行"源数据"命令

D. 用鼠标把要编辑的数据选中，执行"编辑菜单"中的相应命令

（17）下列说法正确的是（　　）。

A. 在 Excel 中，图表类型和数据均可以改变

B. Excel 中工作表的顺序是可以移动的

C. 在 Excel 中使用公式是为了节省空间

D. 在 Excel 中使用<Delete>键只能删除单元格中的内容，而不能删除它的格式

（18）下列有关 Excel 的操作说法不正确的是（　　）。

A. 在某个单元格中输入 =T8+T1，按<Enter>键后显示 =T8+T1

B. 在某个单元格输入 2/28，按<Enter>键后显示 2 月 28 日

C. 进行单元格复制时，无论单元格中是什么内容，复制出来的内容与原单元格的内容总是完全一致的

D. 若要在某工作表的第 F 列左侧插入两列，则首先选定第 F 列后执行"插入"｜"列"命令

（19）下列叙述正确的是（　　）。

A. Excel 的行高是固定的

B. Excel 单元格是可删除的

C. Excel 单元格中批注和内容必须同时清除

D. Excel 的行高和列宽是可变的

（20）在 Excel 中，下列有关单元格中输入数据的说法中不正确的是（　　）。

A. 输入"0 3/7"表示七分之三

B. 输入"（-1276）"后按<Enter>键，表示负数 1276

C. 输入（2362）表示负数 2362，单元格内容默认右对齐

D. 输入"7，234，456"表示 7.234456

（21）下列选择单元格的说法正确的有（　　）

A. 可以使用拖动鼠标的方法来选中多列或多行

B. 单击行号即可选定整行单元格

C. 若要选定几个相邻的行或列，可选定第一行或第一列，然后按住 Ctrl 键再选中最后一行或列

D. Excel 不能同时选定几个不连续的单元格

（22）下面（　　）说法是错误的。

A. Excel 的菜单命令都有相应的工具按钮与其对应

B. Excel2010 菜单命令是灰色的时候，命令无效

C. Excel2010 的工具按钮总是起作用的

D. Excel2010 菜单命令是灰色的时候，可以改用对应的工具按钮

（23）Excel2010 中可以选择一定的数据区域建立图表。当该数据区域的数据发生变化

时，下列叙述错误的是（　　）。

A. 图表需重新生成才能随着改变

B. 图表将自动相应改变

C. 可以通过点击"视图"菜单中的"刷新"命令使图表发生改变

D. 系统将给出错误提示

(24) 下列有关图表各组成部分说法正确的是（　　）

A. 数据标志是指明图表中的条形、面积、圆点、扇区或其他类似符号，来源于工作表单元格的单一数据点或数值

B. 根据不同的图表类型，数据标记可以表示数值、数据系列名称、百分比等

C. 数据系列也称分类，是图表上的一组相关数据点，取自工作表的一列或一行

D. 绘图区在二维图表中，是以坐标轴为界的区域（不包括全部数据系列）

(25) 有关表格排序的说法不正确是（　　）

A. 只有数字类型可以作为排序的依据

B. 只有日期类型可以作为排序的依据

C. 笔画和拼音不能作为排序的依据

D. 排序规则有升序和降序

(26) 下列有关 Excel 中的用户自定义排序次序说法正确的是（　　）

A. 用户可以依自己意愿输入要定义项的次序

B. 用户只能对部分文本进行自定义排序

C. 用户只是在［排序选项］对话框中的［自定义排序次序］下拉列表中选定要定义项的排序次序选项，并非完全用户自定义

D. 用户可以对阿拉伯数字（1，2，3　）进行自定义排序

(27) 以下关于 Excel 说法中不正确的是（　　）

A. 在 Excel 中，对单元格内数据进行格式设置，必须要选定该单元格。

B. 在 Excel 的数据清单中，既可以在数据清单中输入数据，也可以在"记录单"中进行。

C. 在 Excel 中，分割成两个窗口就是把文本分成两块后分别在两个窗口中显示。

D. 删除当前工作表的某列只要选定该列，按键盘中的 Delete 键。

(28) 以下关于 Excel 说法中正确的是（　　）

A. 用 Excel 的数据清单查找记录，需在"记录单"对话框中单击"条件"按钮，在"条件"对话框中设定查找条件，条件设定后，不会自动撤销。要撤销已设定的条件，需利用"条件"对话框来清除。

B. Excel 中数据清单中的记录进行排序操作时，只能进行升序操作。

C. 在对 Excel 中数据清单中的记录进行排序操作时，若不选择排序数据区，则不进行

排序操作。

D. 在对 Excel 中数据清单中的记录进行排序操作时，若不选择排序数据区，则系统自动对该清单中的所有记录进行排序操作。

(29) 以下关于 Excel 说法中不正确的是（　　）

A. 在 Excel 中提供了对数据清单中的记录"筛选"的功能，所谓"筛选"是指经筛选后的数据清单仅包含满足条件的记录，其他的记录都被删除掉了。

B. Excel 中分类汇总后的数据清单不能再恢复原工作表的记录。

C. Excel 的工具栏包括标准工具栏和格式工具栏，其中标准工具栏在屏幕上是显示的，但不可隐藏；而格式工具栏可以显示也可以隐藏。

D. 利用 Excel 工作表的数据建立图表，不论是内嵌式图表还是独立式图表，都被单独保存在另一张工作表中。

(30) 有关 Excel 对区域名字的论述中，错误的是（　　）

A. 同一个区域可以有几个区域名

B. 一个区域只能对应一个区域名

C. 区域名字可与单元格地址相同

D. 同一工作簿中不同工作表中的区域可有相同的名字

3. 判断题

(1) Excel 是 Microsoft 公司推出的电子表格软件，是办公自动化集成软件包 Office 的重要组成部分。　　　　　　　　　　　　　　　　　　　　　　　　（　　）

(2) 当完成工作后，要退出 Excel，可按<Ctrl+F4>键。　　　　　　（　　）

(3) 创建工作簿时，Excel 将自动以 Book1、Book2、Book3 的顺序给新的工作簿命名。
　　　　　　　　　　　　　　　　　　　　　　　　　　　　　　（　　）

(4) 保存旧工作簿时，必须指定保存工作簿的位置及文件名。　　　（　　）

(5) 要保存已存在的工作簿，Excel 将不再弹出"另存为"对话框，而是直接将工作簿保存起来。　　　　　　　　　　　　　　　　　　　　　　　　　（　　）

(6) Excel 提供了自动保存功能，设置以指定的时间间隔自动保存活动的工作簿或者所有打开的工作簿。　　　　　　　　　　　　　　　　　　　　　（　　）

(7) Excel 在建立一个新的工作簿时，所有的工作表以"Book1""Book2"等命名。
　　　　　　　　　　　　　　　　　　　　　　　　　　　　　　（　　）

(8) 比较运算符用以对两个数值进行比较，产生的结果为逻辑值 TRUE 或 FALSE。比较运算符为：=、>、<、>=、<=、<>。　　　　　　　　　　　　　　（　　）

(9) 在一个单元格输入公式后，若相邻的单元格中需要进行同类型计算，可利用公式的自动填充。　　　　　　　　　　　　　　　　　　　　　　　　（　　）

(10) SUM 函数用来对单元格或单元格区域所有数值求平均的运算。　（　　）

(11) Excel 是运行在 DOS 下的一套电子表格软件。   （   ）
(12) Excel 具有复杂运算及分析功能。   （   ）
(13) 对 Excel 的菜单中，灰色和黑色的命令都是可以使用的。   （   ）
(14) 只有活动单元格才能接受输入的信息。   （   ）
(15) Excel 软件是基于 Windows 环境下的电子表格软件。   （   ）
(16) 工作簿窗口、菜单栏、工具栏、公式栏、状态栏五部分合称 Excel 工作区。
                                                             （   ）
(17) 工作簿是工作表的基本构造块。   （   ）
(18) Excel 通过工作簿组织和管理数据。   （   ）
(19) Excel 中每一个单元格有一个唯一的坐标。   （   ）
(20) 对工作表保护目的是禁止其他用户修改工作表。   （   ）
(21) 在 Excel 中，可以将表格中的数据显示成图表的形式。   （   ）
(22) 图表只能和数据放在同一个的工作表中。   （   ）
(23) 在 Excel2010 的一个单元格中输入 6/20，则该单元格显示 0.3。（   ）
(24) Excel2010 工作表 G8 单元格的值为 19681.029，执行某些操作后，在 G8 单。
                                                             （   ）
(25) 单元格中显示一串 "#" 符号，说明 G8 单元格的公式有错，无法计算。（   ）
(26) 单击要删除行（或列）的行号（或列号），按下 Del 键可删除该行（或列）。
                                                             （   ）
(27) 在 Excel2010 的一个单元格中输入 2/7，则表示数值七分之二。（   ）
(28) 在 Excel2010 的一个单元格中输入（100），则单元格显示为-100。（   ）
(29) 在 Excel2010 中，[汇总表] 销售！＄B＄10 是合法的单元格引用。（   ）
(30) 在 Excel2010 中，当单元格中出现 "#NAME?" 或 "#REF!" 时，表明在此单元格的公式中有引用错误。   （   ）
(31) 在 Excel2010 中，向单元格中输入文本型数据，可以先输入西文 " ' " 作为前导符。   （   ）
(32) 在 Excel2010 中，清除和删除的功能是不一样的。   （   ）
(33) 在 Excel2010 中，自动填充功能可实现数值数据的复制。   （   ）
(34) 在 Excel2010 中，要选定多个单元格，就必须使用鼠标。   （   ）
(35) 在 Excel2010 中，对单元格 ＄B＄1 的引用是混合引用。   （   ）
(36) 在 Excel2010 中，函数 SUM 的功能是求和。   （   ）
(37) 在 Excel2010 中，单元格是用列号和行号的组合来标识的。   （   ）
(38) 在 Excel2010 中，工作表是由无数个行和列组成的。   （   ）
(39) 在 Excel2010 中，复制操作只能在同一个工作表中进行。   （   ）

(40) 在 Excel2010 中，进行自动填充时，鼠标的指针是黑十字形。（   ）
(41) 在 Excel2010 中，排序时，只能指定一种关键字。（   ）
(42) 在 Excel2010 中，函数 MAX 的功能是求最小值。（   ）
(43) 在 Excel2010 单元格中输入：=9>（7-4），将显示 TRUE。（   ）
(44) 在 Excel2010 中，在分类汇总前，需要先对数据按分类字段进行排序。（   ）
(45) 在 Excel2010 中，单元格是组成工作表的最小单位。（   ）
(46) 在 Excel2010 中，区域是指一片连续的单元格所组成的区域。（   ）
(47) 在 Excel2010 中，粘贴只能实现内容的拷贝。（   ）
(48) 在 Excel2010 中，应用程序只能完成表格的制作。（   ）
(49) 在 Excel2010 中，程序窗口界面同 Word 程序窗口界面完全不一样。（   ）
(50) Excel2010 提供了 11 种图表类型。（   ）
(51) Excel2010 向用户提供了 9 大类函数。（   ）
(52) 在 Excel2010 中，对某个单元格进行复制后，可进行若干次粘贴。（   ）
(53) 在 Excel2010 中，函数或公式可作为另一个函数参数。（   ）
(54) 在 Excel2010 中，可直接在单元格中输入函数，如：SUM（H5：H9）。（   ）
(55) 在 Excel2010 中，用户可自定义填充序列。（   ）
(56) Excel2010 应用程序文档可被保存为文本文件。（   ）
(57) 在 Excel2010 中，单击按钮，将完成功能自动求和的操作。（   ）
(58) 在 Excel2010 中，AVERAGE（D5：H5）的功能是计算 D5 到 H5 单元格区域的平均值。（   ）
(59) 在 Excel2010 中，默认字号值是：14。（   ）
(60) 在 Excel2010 中，文字默认的对齐方式是右对齐。（   ）
(61) Excel2010 的运算符是按优先级排列的。（   ）
(62) Excel97 即可在 Windows98 环境下运行，也可以在 DOS 环境下运行。（   ）
(63) Excel 窗口由工具栏、状态栏及工作簿窗口组成。（   ）
(64) BOOK1 是在 Excel 中打开的一个工作簿。（   ）
(65) SHEET1 表示工作表名称。（   ）
(66) 清除法单元格是指清除该单元格。（   ）
(67) 单元格与单元格内的数据是相独立的。（   ）
(68) 如果没有设置数字格式，则数据以通用格式存储，数值以最大精确度显示。（   ）
(69) 用"0"时，若数字位数小于设置中 0 的个数，不足的位数会以零显示，"#"号则不会显示对数值无影响的零。（   ）
(70) 如果需要打印出工作表，还需为工作表设置框线，否则不打印表格线。（   ）

(71) 退出 Excel 可使用<Alt+F4>组合键。　　　　　　　　　　　　　（　）
(72) Excel 中每个工作簿包含 1~255 个工作表。　　　　　　　　　　（　）
(73) 启动 Excel，若不进行任何设置，则缺省工作表数为 16 个。　　 （　）
(74) Excel 每个单元格中最多可输入 256 个字符。　　　　　　　　　（　）
(75) 数字不能作为 Excel97 的文本数据。　　　　　　　　　　　　　（　）
(76) 在 Excel 中可用组合键和键<Ctrl+；>输入当前的时间。　　　　（　）
(77) 在 Excel 中可用组合键和键<Shift+；>输入当前的时间。　　　 （　）
(78) 在 Excel 中，工作表可以按名存取。　　　　　　　　　　　　　（　）
(79) 在 Excel 所选单元格中创建公式，首先应键入"："。　　　　　　（　）
(80) 在 Excel 中，函数包括"＝"，函数名和变量。　　　　　　　　　（　）

习题 2.5 演示幻灯片 PowerPoint 2010

1. 选择题

(1) 在 PowerPoint 的幻灯片浏览视图下，不能完成的操作是(　　)。
A. 调整个别幻灯片位置　　　　B. 删除个别幻灯片
C. 编辑个别幻灯片内容　　　　D. 复制个别幻灯片

(2) 在 PowerPoint 中，设置幻灯片放映时换页效果为"百叶窗"，应使用(　　)。
A. 动作按钮　　B. 幻灯片切换　　C. 预设动画　　D. 自定义动画

(3) 在 PowerPoint 演示文稿中，将一张版式布局为"图片与标题"的幻灯片改为"比较"
版式幻灯片，应使用(　　)。
A. 幻灯片版式　　　　　　　　B. 幻灯片配色方案
C. 背景　　　　　　　　　　　D. 幻灯片放映

(4) 在 PowerPoint 的(　　)下，可以用拖动方法改变幻灯片的顺序。
A. 阅读视图　　　　　　　　　B. 备注页视图
C. 幻灯片浏览视图　　　　　　D. 幻灯片放映

(5) 在 PowerPoint 中，对于已创建的多媒体演示文档可以执行(　　)命令，使其可转移到其他未安装 PowerPoint 的机器上放映。
A. "文件"→"打包"　　　　　　B. "文件"→"发送"
C. "复制"→"打包"　　　　　　D. "幻灯片放映"→"设置幻灯片放映"

(6) 在 PowerPoint 中有关选定幻灯片的说法，错误的是(　　)。
A. 在浏览视图中单击幻灯片，即可选择幻灯片
B. 如果要选择多张不连续幻灯片，在浏览视图下按住 Ctrl 键并单击各张幻灯片
C. 如果要选择多张连续幻灯片，在浏览视图下按住 Shift 键并单击最后要选的幻灯片
D. 在幻灯片视图下，不可以选择多张幻灯片

(7) 在 PowerPoint 2010 中，下列关于用文本框工具在幻灯片中添加图片操作的叙述，正确的有(　　)。
A. 添加文本框可以从"插入"选项卡中的"文本框"开始

B. 文本插入完成后自动保存

C. 文本框的大小不可改变

D. 文本框的位置不可以改变

（8）在 PowerPoint 中，下列有关幻灯片母版中的页眉页脚的说法中，错误的是（　　）。

A. 页眉或页脚是加在演示文稿中的注释性内容

B. 典型的页眉/页脚内容是日期、时间以及幻灯片编号

C. 在打印演示文稿的幻灯片时，页眉/页脚的内容也可打印出来

D. 不能设置和页脚的文件格式

（9）在 PowerPoint 的浏览视图下，按住 Ctrl 键并拖动某幻灯片，可以完成（　　）操作。

A. 移动幻灯片　　B. 复制幻灯片　　C. 删除幻灯片　　D. 选定幻灯片

（10）在 PowerPoint 中有关备注母版的说法，错误的是（　　）。

A. 备注的最主要功能是进一步提示某张幻灯片的内容

B. 要进入备注母版，可以执行"视图"选项卡中的"备注母版"命令

C. 备注母版的页面共有 5 个设置，页眉区、页脚区、日期区、幻灯片缩略图和数字区

D. 备注母版的下方是备注文本区，可以像在幻灯片母版中那样设置其格式

（11）PowerPoint 的主要功能是（　　）。

A. 创建演示文稿　B. 数据处理　　C. 图像处理　　D. 文字编辑

（12）在 PowerPoint 2010 下保存的演示文稿默认扩展名是（　　）。

A. .pptx　　　B. .xls　　　C. .ppt　　　D. .doc

（13）利用 PowerPoint 编辑制作幻灯片时，幻灯片在（　　）区域编辑。

A. 状态栏　　B. 幻灯片　　C. 大纲　　D. 备注

（14）PowerPoint 窗口区一般分为（　　）大部分。

A. 五　　　　B. 六　　　　C. 七　　　　D. 八

（15）PowerPoint 窗口中，如果同时打开两个 PowerPoint 演示文稿，会出现下列哪种情况？（　　）

A. 同时打开两个重叠的窗口

B. 打开第一个时，第二个被关闭

C. 当打开第一个时，第二个无法打开

D. 执行非法操作时 PowerPoint 将被关闭

（16）下面的选项中，不属于 PowerPoint 窗口的部分的是（　　）。

A. 幻灯片区　　B. 大纲区　　C. 备注区　　D. 播放区

(17) 在 PowerPoint 2010 中，在幻灯片中应用主题的方法是，在功能区中执行(　　)命令，再选择需要的主题。

　　A. "视图"→"主题"　　　　　　B. "插入"→"主题"

　　C. "开始"→"主题"　　　　　　D. "设计"→"主题"

(18) 在 PowerPoint 2010 中要插入"组织结构图"，需要执行(　　)命令。

　　A. "插入"→"形状"　　　　　　B. "插入"→"剪贴画"

　　C. "插入"→"艺术字"　　　　　D. "插入"→SmartArt

(19) 在 PowerPoint 窗口中无法改变各个区域的大小。(　　)

　　A. 对　　　　　B. 错

(20) 关于 PowerPoint 的叙述，下列说法是正确的是(　　)。

　　A. PowerPoint 是 IBM 公司的产品

　　B. PowerPoint 只能双击演示文稿文件打开

　　C. 打开 PowerPoint 有多种方法

　　D. 关闭 PowerPoint 时一定要保存对它的修改

(21) 要想打开 PowerPoint，只能从 Windows 的"开始"菜单中选择"所有程序"菜单项，然后单击 Microsoft PowerPoint。(　　)

　　A. 对　　　　　B. 错

(22) 关闭 PowerPoint 时会提示是否要保存对 PowerPoint 的修改，如果需要保存该修改，应选择(　　)。

　　A. 保存　　　　B. 不保存否　　　C. 取消　　　　D. 不予理睬

(23) PowerPoint 是下列哪个公司的产品？(　　)

　　A. IBM　　　　B. Microsoft　　　C. 金山　　　　D. 联想

(24) 运行 PowerPoint 程序时，在 Windows 的"开始"菜单中选择(　　)。

　　A. 搜索项　　　B. 文档项　　　　C. 设置项　　　D. 所有程序项

(25) 关闭 PowerPoint 时，如果不保存修改过的文档，会有什么后果？(　　)

　　A. 系统会发生崩溃　　　　　　　B. 刚修改过程的内容将会丢失

　　C. 下次 PowerPoint 无法正常启动　D. 硬盘产生错误

(26) 在 PowerPoint 中放映幻灯片时，可通过单击鼠标(　　)来播放下一张幻灯片。

　　A. 右键或按左箭头键　　　　　　B. 左键或按左箭头键

　　C. 右键或按右箭头键　　　　　　D. 左键或按右箭头键或下箭头键

(27) 关闭 PowerPoint 的正确操作应该是(　　)。

　　A. 关闭显示器

　　B. 拔掉主机电源

　　C. 按 Ctrl+Alt+Del 键重启计算机

D. 按下 PowerPoint 标题栏右上角的"关闭"按钮

(28) 在 PowerPoint 中,( )模式可以实现在其他视图中可实现的一切编辑功能。

A. 普通视图　　　　　　　　　B. 大纲视图

C. 幻灯片视图　　　　　　　　D. 幻灯片浏览视图

(29) 在 PowerPoint 2010 中,下列方法中不能插入一张新幻灯片的是( )。

A. 单击"插入"→"新幻灯片"按钮

B. 单击"开始"→"新建幻灯片"按钮

C. 按 Ctrl+M 键

D. 在幻灯片窗格中右击,在弹出的快捷菜单中执行"新建幻灯片"命令

(30) 关于 PowerPoint 中的视图模式,下列叙述中不正确的是( )。

A. 大纲视图是默认的视图模式

B. 大纲视图用于显示主要的文本信息

C. 普通视图最适合组织和创建演示文稿

D. 幻灯片放映视图用于查看幻灯片的播放效果

(31) 在 PowerPoint 中采用哪种视图模式最适合组织和管理演示文稿?( )

A. 普通视图　　　　　　　　　B. 大纲视图

C. 幻灯片浏览视图　　　　　　D. 幻灯片放映视图

(32) 在 PowerPoint 2010 中各种视图模式的快速切换按钮在 PowerPoint 窗口的( )。

A. 左上角　　　B. 右上角　　　C. 左下角　　　D. 右下角

(33) 在 PowerPoint 中,哪种视图用于显示主要的文本信息?( )

A. 普通视图　　　B. 大纲视图

C. 幻灯片视图　　D. 幻灯片浏览视图

(34) 在 PowerPoint 中( )视图模式用于查看幻灯片的播放效果。

A. 大纲　　　B. 幻灯片　　　C. 幻灯片浏览　　　D. 幻灯片放映

(35) 在 PowerPoint 中( )视图模式用于对幻灯片的编辑。

A. 大纲　　　B. 幻灯片　　　C. 幻灯片浏览　　　D. 幻灯片放映

(36) 在 PowerPoint 中使字体变粗的快捷键是( )。

A. Alt+B　　　B. Ctrl+B　　　C. Shift+B　　　D. Ctrl+ Alt+B

(37) 在 PowerPoint 中除了用"内容提示向导"来创建新的幻灯片,就没有其他的方法。( )

A. 对　　　　　B. 错

(38) 以下有关创建新的 PowerPoint 幻灯片的说法中,错误的是( )。

A. 可以利用空白演示文稿来创建

B. 在演示文稿模板类型中，只能选择"成功指南"模板来创建

C. 演示文稿输出的文件类型应根据需要选定

D. 可以利用内容提示向导来创建

(39) 在 PowerPoint 2010 中，如果要将文本框左旋转 30 度，正确的方法是(　　)。

A. 单击"绘图工具"→"格式"→"旋转"按钮，在"设置形状格式"对话框的"大小"选项卡中设置旋转

B. 在"设置形状格式"对话框的"位置"选项卡中设置旋转

C. 单击绘图工具栏上的"自由旋转"按钮，按住 Ctrl 键同时用鼠标移动文本框的触点

D. 单击绘图工具栏上的"自由旋转"按钮，按住 Alt 键同时用鼠标移动文本框的角点

(40) 创建新的 PowerPoint 一般使用(　　)。

A. 内容提示的向导　　　　　　B. 设计模板

C. 空演示文稿　　　　　　　　D. 打开已有的演示文稿

(41) PowerPoint 演示文稿的第 1 张幻灯片称为(　　)。

A. 一般幻灯片　　B. 标题幻灯片　　C. 标题母版　　D. 母版

(42) 在 PowerPoint 2010 中，插入"动作按钮"需要执行(　　)命令。

A. "插入"→"形状"　　　　　　B. "插入"→"剪贴画"

C. "插入"→"艺术字"　　　　　D. "插入"→SmartAlt

(43) 在 PowerPoint 2010 中，要切换到幻灯片的黑白视图，可执行(　　)命令。

A. "视图"→"幻灯片浏览"　　　B. "视图"→"幻灯片放映"

C. "视图"→"黑白模式"　　　　D. "视图"→"幻灯片缩图"

(44) 在 PowerPoint 2010 中，以下属于功能区选项卡的是(　　)。

A. 编辑　　　　B. 视图　　　　C. 程序　　　　D. 格式

(45) 用"内容提示向导"来创建 PowerPoint 2010 演示文稿时，要想新建"宽屏演示文稿"就必须执行(　　)命令。

A. "文件"→"新建"→"样本模板"　B. "文件"→"新建"→"空白演示文稿"

C. "文件"→"选项"→"样本模板"　D. "文件"→"新建"→"主题"

(46) 下列关于在 PowerPoint 中创建新幻灯片的叙述，正确的有(　　)和(　　)。

A. 新幻灯片可以用多种方式创建

B. 新幻灯片只能通过内容提示向导来创建

C. 新幻灯片的输出类型根据需要来设定

D. 新幻灯片的输出类型固定不变

(47) 在 PowerPoint 中，如果想把文件插入到某个占位符，正确的操作是(　　)。

A. 单击标题占位符，将插入点置于占位符内

B. 单击菜单栏中的"插入"按钮

C. 单击菜单栏中的"粘贴"按钮

D. 单击菜单栏中的"新建"按钮

(48) 在幻灯片的占位符中，添加标题文本的操作一般在 PowerPoint 窗口（　　）区域。

  A. 幻灯片   B. 状态栏   C. 大纲   D. 备注

(49) 在 PowerPoint 中，下列选项中粘贴的快捷键是（　　）。

  A. Ctrl+C B. Ctrl+P C. Ctrl+X D. Ctrl+V

(50) 在 PowerPoint 中，下列有关在幻灯片的占位符中添加文本的方法叙述中错误的是（　　）。

A. 单击标题占位符，将插入点置于该占位符内

B. 在占位符内，可以直接输入标题文本

C. 文本输入完毕，单击幻灯片旁边的空白处即可

D. 文本输入中不能出现标点符号

(51) 在 PowerPoint 中，在占位符添加完文本后，（　　）后操作生效。

A. 按 Enter 键   B. 单击幻灯片的空白区域

C. 执行"保存"命令   D. 单击"撤销"按钮

(52) 在 PowerPoint 中，插入到占位符内的文本无法修改。（　　）

  A. 对   B. 错

(53) 在 PowerPoint 中设置文本时，下列关于字号设置的叙述中正确的是（　　）。

A. 字号的数值越小，字体就越大 B. 字号是连续变化的

C. 66 号字比 72 号字大   D. 字号决定每种字体的尺寸

(54) 在 PowerPoint 中，用"文本框"工具在幻灯片中添加文本时，如果让插入的文本框竖排，应该（　　）。

A. 默认的格式就是竖排

B. 不可能竖排

C. 选择文本框下拉菜单中的水平项

D. 选择文本框下拉菜单中的竖排项

(55) 以下在 PowerPoint 中插入一张图片的操作过程正确的是（　　）。

①打开幻灯片 ②选择并确定想要插入的图片

③执行"插入图片"命令 ③调整被插入的图片的大小、位置等

A. ①④②③ B. ①③②④ C. ③①②④ D. ③②①④

(56) 打印 PowerPoint 幻灯片时，可以有选择的打印几张幻灯片。（　　）

A. 对　　　　　B. 错

(57) 在 PowerPoint 2010 中，欲在幻灯片中添加文件框，需要在功能区选择(　　)选项卡。

A. "视图"　　B. "插入"　　C. "开始"　　D. "切换"

(58) 在 PowerPoint 中，用文本框在幻灯片中添加文本时，在"插入"选项卡（菜单）中应选择(　　)项。

A. 图片　　B. 文本框　　C. 影片和声音　　D. 表格

(59) 在 PowerPoint 中，用文本框工具在幻灯片中添加文本操作，(　　)时表示可添加文本。

A. 状态栏出现可输入字样

B. 主程序发出音乐提示

C. 在文本框中出现的一个闪烁的插入点

D. 文本框变成高亮度

(60) 在 PowerPoint 中用文本框添加文本，插入完毕后在文本上留有边框。(　　)

A. 对　　　　　B. 错

(61) 在 PowerPoint 中，用"文本框"在幻灯片中添加文本操作时，文本框的大小和位置是确定的。(　　)

A. 对　　　　　B. 错

(62) 在 PowerPoint 2010 中，用"文本框"工具在幻灯片中添加文本操作时，(　　)即表示文本框已经插入成功。

A. 在幻灯片中出现一个具有虚线的边框

B. 幻灯片中出现成功标志

C. 主程序发出音乐声

D. 在幻灯片中出现一个具有实线的边框

(63) 在 PowerPoint 中，在自己绘制的图形上添加文本的操作是(　　)。

A. 右击插入的图形，在弹出的快捷菜单中选择"添加文本"或"编辑文本"命令

B. 直接在图形上编辑

C. 另存到图像编辑器编辑

D. 用粘贴在图形上加文本

(64) 在 PowerPoint 中，在幻灯片的占位符中添加的文本要求(　　)。

A. 只要文本形式就行　　　　B. 文本中不能含有数字

C. 文本中不能含有中文　　　D. 文本必需简短

(65) 在 PowerPoint 中，设置文本的字体时，一般不出现在中文字体列表中的是(　　)。

A. 宋体　　　　B. 黑体　　　　C. 隶书　　　　D. 草书

（66）在 PowerPoint 中，用自选图形在幻灯片中添加文本时，插入的图形是无法改变其大小的。（　　）

A. 对　　　　B. 错

（67）在 PowerPoint 2010 中，在幻灯片中添加自选图形时，应执行（　　）命令。

A. "插入"→"剪贴画"　　　　B. "插入"→"来自文件"

C. "插入"→"形状"　　　　D. "插入"→"艺术字"

（68）在 PowerPoint 中，用自选图形在幻灯片中添加文本时，当选定一个自选图形时，当（　　）时可以在图片上编辑文本。

A. 文本框中出现一个闪烁的插入点　　　　B. PowerPoint 程序给出语音提示

C. 文本框变成虚线　　　　D. 文本框在闪烁

（69）在 PowerPoint 2010 中设置文本字体时，选定文本后，选择功能区的（　　）选项卡进行设置。

A. "视图"　　　　B. "插入"　　　　C. "格式"　　　　D. "开始"

（70）在 PowerPoint 中选择幻灯片中的文本，单击文本框时，会出现下列哪种结果？（　　）

A. 文本框会闪烁　　　　B. 文本框变成红色

C. 会显示出文本框控制点　　　　D. Windows 发出响声

（71）在 PowerPoint 2010 中，下列关于设置文本的字体操作的叙述中，错误的是（　　）。

A. 应先选择要格式化的文本或段落

B. "开始"选项卡的"字体"组可设置格式

C. 可在"字体"对话框中选择所需的中文字体、字形、字号等项

D. 效果选项中的效果选项是无法选择的

（72）在 PowerPoint 中，选择幻灯片中的文本时，文本区控制点是指（　　）。

A. 文本框的控制点　　　　B. 文本的起始位置

C. 文本的结束位置　　　　D. 文本的起始位置和结束位置

（73）在 PowerPoint 中，选择幻灯片中的文本时，应该（　　）。

A. 用鼠标选中文本框，再执行"复制"命令

B. 执行"全选"命令

C. 将鼠标光标放在所要选择的文本的前方，按住鼠标右键不放并拖动至所要位置

D. 将鼠标光标放在所要选择的文本的前方，按住鼠标左键不放并拖动至所要位置

（74）在 PowerPoint 中，下列有关选择幻灯片的文本叙述中，错误的是（　　）。

A. 单击文本区，会显示文本控制点

B. 选择文本时，按住鼠标不放并拖动鼠标

C. 文本选择成功后，所选幻灯片中的文本变成反白

D. 文本不能重复选定

(75) 在 PowerPoint 中选择幻灯片中的文本时，(　　)表示文本选择已经成功。

A. 所选的文本闪烁显示　　　　B. 所选幻灯片中的文本变成反白

C. 文本字体发生明显改变　　　D. 状态栏中出现成功字样

(76) 在 PowerPoint 中移动文本时，如果在两个幻灯片间移动，则(　　)。

A. 操作系统进入死锁状态　　　B. 文本无法复制

C. 文本复制正常　　　　　　　D. 文本会丢失

(77) 在 PowerPoint 中，要将剪贴板上的文本插入到指定文本段落，下列操作中可以实现的是(　　)。

A. 将光标置于想要插入的文本位置，单击"粘贴"按钮

B. 将光标置于想要插入的文本位置，单击"插入"按钮

C. 将光标置于想要插入的文本位置，使用 Ctrl+C 键

D. 将光标置于想要插入的文本位置，使用 Ctrl+T 键

(78) 在 PowerPoint 中，要将所选的文本存入剪贴板，下列操作中无法实现是(　　)。

A. 单击"粘贴"按钮　　　　　B. 单击"复制"按钮

C. 使用<Ctrl+C>键　　　　　D. 执行快捷菜单中的"复制"命令

(79) 在 PowerPoint 中，下列有关移动和复制文本叙述中，不正确的是(　　)。

A. 文本在复制前，必须先选定　B. 文本复制的快捷键是 Ctrl+C

C. 文本的剪切和复制没有区别　D. 文本能在多张幻灯片间移动

(80) 在 PowerPoint 中移动文本时，剪切和复制的区别在于(　　)。

A. 复制时将文本从一个位置搬到另一个位置，而剪切时原文本还存在

B. 剪切时将文本从一个位置搬到另一个位置，而复制时原文本还存在

C. 剪切的速度比复制快

D. 复制的速度比剪切快

2. 多项选择题

(1) 在下列 PowerPoint 的各种视图中，不可编辑、修改幻灯片内容的视图有(　　)。

A. 普通视图　　　　　　　　　B. 幻灯片浏览试图

C. 幻灯片放映视图　　　　　　D. 备注页视图

(2) PowerPoint 提供了两类模板，它们是(　　)。

A. 设计模板　　B. 普通模板　　C. 备注页模板　　D. 内容模板

(3) 在 PowerPoint 2003 的幻灯片浏览视图中，用户不能进行的操作是(　　)。

A. 插入或移动幻灯片　　　　　B. 复制或删除幻灯片
C. 修改幻灯片内容　　　　　　D. 添加幻灯片的备注内容

（4）在 PowerPoint 中，以下叙述正确的有(　　)。

A. 一个演示文稿中只能有一张应用"标题幻灯片"母版的幻灯片

B. 在任一时刻，幻灯片窗格内只能查看或编辑一张幻灯片

C. 在幻灯片可以插入多种对象，除了可以插入图片、图表外，还可以插入声音、公式和视频等

D. 备注页的内容与幻灯片的内容分别储存在两个不同的文件中

（5）在"动作设置"对话框可以选择的执行动作方式有(　　)。

A. 单击　　　　B. 双击　　　　C. 鼠标移过　　　　D. 按任意键

（6）如果要在幻灯片中添加一个动作按钮，下列叙述错误的是(　　)。

A. "幻灯片放映" | "动作按钮"，出现设置按钮的对话框

B. "幻灯片放映" | "动作按钮"，单击一种动作按钮，在幻灯片中按住鼠标左键不放，拖出按钮的大小

C. "幻灯片放映" | "动作按钮"，单击一种动作按钮，弹出一个设置按钮大小的对话框设定大小

D. "插入" | "动作按钮"，出现设置按钮的对话框

（7）在 PowerPoint 中，可以在"字体"对话框进行设置的有(　　)。

A. 文字颜色　　　B. 文字对齐格式　　　C. 文字大小　　　D. 文字字体

（8）在 PowerPoint 中，下列关于在幻灯片占位符中插入文本的叙述正确的有(　　)。

A. 插入的文本一般不加限制

B. 插入的文本有很严格的限制

C. 标题文本的插入在状态栏进行

D. 标题文本的插入和正文文本的插入操作方法类似

（9）下列说法正确的是(　　)。

A. 插入声音的操作可以用"影片和声音"中的"编辑管理其中的声音"命令

B. 在幻灯片中插入声音时，会出现一个对话框让用户选择幻灯片放映室是不是自动播放声音

C. 插入声音的操作应该使用"工具"菜单

D. 插入声音的操作应该使用"幻灯片放映"菜单

（10）下列属于 PowerPoint 2010 母版 4 的是(　　)。

A. 标题母版　　　B. 幻灯片母版　　　C. 备注母版　　　D. 讲义母版

（11）在 PowerPoint 2010 中，可以通过(　　)命令为幻灯片中的各种对象设置动画效果

A. 动画方案　　　B. 动画效果　　　C. 预设动画　　　D. 自定义动画

(12) 在 PowerPoint 中，设置文本的字体时，下列关于字号的叙述，错误的是(　　)。

A. 字号的数值越小，字体就越大　　　B. 字号是连续变化的

C. 66 号字比 72 号字大　　　D. 字号决定每种字体的尺寸大小

(13) 在 PowerPoint 中，下列关于设置文本段落格式的叙述，错误的是(　　)。

A. 图形不能作为项目符号

B. 设置文本的段落格式时，要从菜单栏的"插入"菜单中进入

C. 行距可以是任意值

D. 图形可以作为项目编号

(14) 在 PowerPoint 中，下列关于设置文本的段落格式的叙述中正确的有(　　)。

A. 图形也能作为项目编号

B. 设置行距时，行距值要有一定范围

C. 行距设置完毕，单击"确定"按钮完成设置

D. 字体不能作为项目符号

(15) 在 PowerPoint 中，有关创建表格的说法中，正确的有(　　)。

A. 应该打开一个演示文稿，并切换到相应的幻灯片

B. 执行"插入"菜单中的"表格"命令，会弹出"插入表格"对话框

C. 在"插入表格"对话框中要输入插入的行数和列数

D. 插入后的表格行数和列数无法修改

(16) 在 PowerPoint 中，应用"设计"模板时，下列选项中正确的说法是(　　)。

A. 可以执行"格式幻灯片设计"菜单命令

B. 可以在"幻灯片设计"任务窗格中选择

C. 模板的内容要导入之后才能看见

D. 模板的选择是多样的

(17) 下列说法正确的有(　　)。

A. 要插入影片的操作应该使用"工具"菜单

B. 在幻灯片中插入影片时，会出现一个对话框，让用户选择幻灯片放映时是不是自动播放插入的影片

C. 插入影片的操作可以执行"影片和声音"中的"剪辑管理器中的影片"命令

D. 找到需要插入的影片时，只需双击影片名就可以将影片插入到当前幻灯片中

(18) 控制幻灯片外观的方法有(　　)。

A. 母板　　　B. 配色方案

C. 设计模板　　　D. 绘制、修饰图形

(19) (　　) 是 PowerPoint 中提供的母板。

A. 讲义母板　　　　　　　　B. 配色母板

C. 设计模板　　　　　　　　D. 备注母板

(20) 在 PowerPoint 的演示文稿中可以插入的对象有 (　　)。

A. Microsoft Word 文档

B. Microsoft Office

C. Microsoft Excel 工作表

D. Microsoft Equation

(21) 在 PowerPoint 中，通过"视图/工具栏"可以打开的工具栏有 (　　)。

A. 常用　　　B. 绘图　　　C. 图表　　　D. 动画效果

(22) 在 PowerPoint 中，通过"插入"菜单可以插入 (　　)。

A. 图片　　　B. 新幻灯片　　　C. 日期和时间　　　D. 图表

(23) 在 PowerPoint 中，通过"格式/对齐方式"可以进行 (　　)。

A. 左对齐　　　　　　　　B. 底端对齐

C. 两端对齐　　　　　　　D. 顶端对齐

(24) 在 PowerPoint 中，通过"行距"对话框可以设置 (　　)。

A. 间距　　　B. 行距　　　C. 段前间　　　D. 顶端间距

(25) (　　) 可以退出幻灯片的演示状态。

A. 按 Del 键　　　　　　　B. 按 Esc 键

C. 按 Break 键　　　　　　D. 选择快捷菜单的结束放映

(26) 在 PowerPoint 中，选择"幻灯片放映/预设动画"命令可以进行 (　　) 等动画设置。

A. 飞入　　　　　　　　　B. 闪烁一次

C. 驶出　　　　　　　　　D. 打字机

(27) 在 PowerPoint 中，选择"幻灯片放映/幻灯片切换"命令，在弹出的"幻灯片切换"对话框中可以设置 (　　)。

A. 对齐方式　　　　　　　B. 效果

C. 换页方式　　　　　　　D. 声音

(28) 在 PowerPoint 中，通过"页面设置"对话框可以进行 (　　) 等设置。

A. 宽度　　　　　　　　　B. 长度

C. 高度　　　　　　　　　D. 幻灯片大小

(29) (　　) 属于调整文本框的操作。

A. 改变文本框大小

B. 移动文本框位置

C. 插入一个新的文本框

D. 对齐文本框

（30）（　　）可打开"应用设计模板"对话框。

A. 按 Ctrl+0

B. 按常用工具栏上的应用设计模板按钮

C. 按 Ctrl+M

D. 选择"格式/应用设计模板"命令

3. 判断题

（1）要想打开 PowerPoint，只能从开始菜单选择程序，然后点击 Microsoft PowerPoint。
（　　）

（2）PowerPoint 中，在大纲视图模式下可以实现在其他视图中可实现的一切编辑功能。
（　　）

（3）PowerPoint 中除了用内容提示向导来创建新的幻灯片，就没有其他的方法了。
（　　）

（4）PowerPoint 中，文本框的大小和位置是确定的。（　　）

（5）PowerPoint 中，当本次复制文本的操作成功之后，上一次复制的内容自动丢失。
（　　）

（6）PowerPoint 中，设置文本的字体时，文字的效果选项可以选也可以直接跳过。
（　　）

（7）PowerPoint 中，设置文本的段落格式时，可以根据需要，把选定的图形也作为项目符号。（　　）

（8）PowerPoint 中，创建表格的过程中如果插入操作错误，可以点击工具栏上的撤销按钮来撤销。（　　）

（9）PowerPoint 中，应用设计模板设计的演示文稿无法进行修改。（　　）

（10）PowerPoint 中，如果插入图片误将不需要的图片插入进去，可以按撤销键补救。
（　　）

（11）在普通视图中，选择要插入声音的幻灯片，选择"插入"菜单中的"影片和声音"命令，选择"文件中的声音"，可以选择所需的声音。（　　）

（12）"插入声音"对话框中的"联机剪辑"的作用是连接到 WEB，可以得到更加丰富的图片和音乐等资源。（　　）

（13）自定义动画可以用"幻灯片放映"菜单栏中的"自定义动画"。（　　）

（14）选择需要动态显示的对象必须在幻灯片放映视图中进行，不能在幻灯片浏览视图中进行。（　　）

（15）PowerPoint 规定，对于任何一张幻灯片，都要在"动画效果列表"中选择一种

动画方式，否则系统提示错误信息。（   ）
  （16）一张幻灯片就是一个演示文稿。（   ）
  （17）启动 Powerpoint，可以从"开始"菜单的"程序"的 Microsoft PowerPoint 来启动。
（   ）
  （18）在 PowerPoint 中，普通视图的左窗口显示的是文稿的大纲。（   ）
  （19）幻灯片中不能设置页眉/页脚。（   ）
  （20）关闭幻灯片可以从"文件"菜单中关闭。（   ）
  （21）幻灯片中的文本在插入以后就具有动画了，只有在需要更改时才需要对其进行设置。（   ）
  （22）在 PowerPoint 的普通视图中，右击幻灯片→删除，可以删除一张幻灯片。
（   ）
  （23）应用设计模版后，每张幻灯片的背景都相同，系统不具备改变其中某一张背景的功能．（   ）
  （24）通过幻灯片浏览视图，可以改变幻灯片之间的切换效果。（   ）
  （25）幻灯片中对象的效果可以自定义。（   ）
  （26）幻灯片设置动画时，对象出场或离场的声音只能从提供的各种声音效果中选择。
（   ）
  （27）幻灯片打包时可以连同播放软件一起打包。（   ）
  （28）在 Powerpoint 系统中，不能插入 Excel 图表。（   ）
  （29）演示文稿只能用于放映幻灯片，无法输出到打印机中。（   ）
  （30）当演示文稿按自动放映方式播放时，按 Esc 键可以终止播放。（   ）
  （31）如果不进行设置，系统放映幻灯片时默认全部播放。（   ）
  （32）PowerPoint，文本能在多张幻灯片间移动。（   ）
  （33）如果要选定多张连续幻灯片，在浏览视图下，按下 shift 键并单击最后要选定的幻灯片。（   ）
  （34）创建新的 PowerPoint 演示文稿可以利用内容提示向导来创建。（   ）
  （35）演示文稿的扩展名及其模板文件的扩展名都是"ppt"。（   ）
  （36）放映幻灯片时，只能从第一张开始依次放映。（   ）
  （37）PowerPoint2010 中，如果插入图片误将不需要的图片插入进去，可以单击撤销命令。（   ）
  （38）幻灯片的背景可以使用图片。（   ）
  （39）演示文稿可以包含文字、图表、图像和声音、电影和超级链接等。（   ）
  （40）放映幻灯片时，可以不从第一张幻灯片开始放映。（   ）
  （41）PowerPoint2010 模板的扩展名是"ppt"。（   ）

（42）在幻灯片中可以插入图片、艺术字、声音和视频。（　）
（43）要退出幻灯片的放映，只能用鼠标操作完成。（　）
（44）选择多个不连续文件夹时可以用 Ctrl，选择多个不连续的幻灯片时，也可以用 Ctrl 键。（　）
（45）在幻灯片中插入的声音用小喇叭图标表示。（　）
（46）在幻灯片中，双击声音图标可以预听声音的内容。（　）
（47）使用"文件→打包"命令后生成的文件可在未安装 PowerPoint2010 的电脑中放映。（　）
（48）空格键、→键和 PageDown 键都是放映下一张幻灯片的快捷键。（　）
（49）PowerPoint2010 中显示文件名的是状态栏。（　）
（50）PowerPoint2010 的幻灯片背景可以是图片、纹理、图案或者单一颜色、过渡颜色。（　）
（51）在幻灯片放映过程中，要结束放映，可使用回车键。（　）
（52）在 PowerPoint2010 中，执行"另存为"命令，不能将文件保存为 Web 页（*.htm）。（　）
（53）在 PowerPoint2010 中，可以使用"格式刷"快速将某些文本的格式应用于其他文本。（　）
（54）在 PowerPoint2010 的"幻灯片切换"对话框中可以选择幻灯片切换时的声音效果。（　）
（55）在普通视图和幻灯片视图中，幻灯片都可以插入声音。（　）
（56）小刚同学想终止放映幻灯片，他认为应该按 F5 键。（　）
（57）avi 文件和 wmv 文件都是演示文稿支持的视频格式。（　）
（58）一个声音文件不能在多张幻灯片中连续播放。（　）
（59）在 PowerPoint2010 中，插入的声音文件图标可以在放映时隐藏起来。（　）
（60）PowerPoint2010 中，设置"自定义动画"时，动画的播放顺序可以修改。（　）
（61）PowerPoint2010 中，当本次复制文本的操作成功之后，上一次复制的内容自动丢失。（　）
（62）PowerPoint2010 中，在"插入"→"声音和影片"→"文件中的影片"，选择了一个声音文件，会出现错误。（　）
（63）在未安装 PowerPoint2010 的计算机上，也可以放映使用该软件制作的幻灯片。（　）
（64）在 PowerPoint2010 中，可以设定自动放映方式，让计算机自动循环播放演示文稿。（　）

(65) 在幻灯片浏览视图和大纲视图中可以方便地实现幻灯片前后顺序的调整。
(　　)

(66) 在 PowerPoint2010 中，同时按下 Ctrl+Z 键，可以撤销上一步操作。(　　)

(67) 在 PowerPoint2010 中可以通过修改母版，来改变全部幻灯片的字体、字形和背景对象等。(　　)

(68) 幻灯片中不可以插入 flash 动画。(　　)

(69) PowerPoint2010 中可以对表格设置"自定义动画"。(　　)

(70) 幻灯片可以设置为循环放映，直到按 Esc 键结束。(　　)

(71) PowerPoint2010 中可按 Ctrl+K 插入超链接。(　　)

(72) PowerPoint2010 中不能对声音文件设置"自定义动画"。(　　)

(73) mpg 文件不是演示文稿支持的视频格式文件。(　　)

(74) 要改变幻灯片的大小和方向，可以执行"文件"菜单中的"属性"命令。
(　　)

(75) 在"幻灯片切换"对话框中，只能设置幻灯片切换时的视觉效果。(　　)

(76) 设置幻灯片切换效果，可执行"格式"菜单中的"幻灯片切换"命令。
(　　)

(77) 小白同学制作的演示文稿中用了"启功"体文字，他认为使用"文件→打包"命令后生成的文件可在未安装该字体的小红的电脑中放映。(　　)

(78) 启动 PowerPoint2010 时，首先弹出"创建演示文稿"对话框。(　　)

(79) 在"新幻灯片"对话框中不能选择空的幻灯片版式。(　　)

(80) 小李同学经过实践认为：在 PowerPoint2010 中插入的自选图形可以自由旋转，而插入的剪贴画、艺术字则不能。

习题 2.6 计算机网络基础知识

1. 选择题

(1) 通常一台计算机通过电话线接入互联网，应该安装的设备是(　　)。
A. 网络操作系统　B. 调制解调器　　C. 网络查询工具　　D. 浏览器

(2) 下列域名中，属于教育机构的是(　　)。
A. ftp. bta net. cn　　　　　　　　B. ftp. cnc ac. cn
C. www. ioa. ac. cn　　　　　　　　D. www. gdei. edu. cn

(3) 浏览 Web 网站必须使用浏览器，目前常用的浏览器是(　　)。
A. Hotmail　　　　　　　　　　　　B. Outlook Express
C. Inter Exchang　　　　　　　　　D. Internet Explorer

(4) 常用的网络拓扑结构是(　　)。
A. 总线型、星形、树形和环形　　　B. 总线型、星形
C. 星形和环形　　　　　　　　　　D. 总线型和树形

(5) 计算机网络最突出的优点是(　　)。
A. 存储容量大　B. 运算速度快　C. 运算精度高　　D. 资源可以共享

(6) 在局域网中，为网络提供资源，并对网络进行管理的计算机是网络(　　)。
A. 工作站　　　B. 管理机　　　C. 路由器　　　D. 服务器

(7) 域名地址中后缀 cn 的含义是(　　)。
A. CHINA　　　B. ENGLISH　　C. USA　　　　D. TAIWAN

(8) 为了能在 Internet 上正确通信，每个网络和每台主机都分配了唯一的地址，该地址由纯数字组成并用小数点分隔开，它称为(　　)。
A. WWW 服务器地址　　　　　　　B. TCP 地址
C. WWW 客户机地址　　　　　　　D. IP 地址

(9) 使用 WWW 浏览页面时，所看到的文件叫作(　　)文件。
A. DOS　　　　B. Windows　　C. 超文本　　　D. 二进制

(10) 以下 4 个 IP 地址中，错误的是(　　)。
A. 9. 123. 36. 256　　　　　　　　B. 121. 44. 203. 1

C. 202.1.32.116　　　　　　　D. 223.25.1.18

(11) 类型完全不同的网络互联，可采用( )来实现。
A. 集线器　　B. 网关　　C. 网桥　　D. 中继器

(12) 如果要将普通计算机连入计算机局域网，则至少需要在计算机中加入一块( )。
A. 网卡　　B. 网络服务板　　C. 通信接口板　　D. 驱动卡

(13) 由内芯和屏蔽层构成一对导体的传输媒介是( )。
A. 光纤　　B. 双绞线　　C. 同轴电缆　　D. 电话线

(14) 按地理范围分类，计算机网络一般可以分为( )、城域网、广域网和互联网。
A. 宽域网　　B. 窄域网　　C. 全域网　　D. 局域网

(15) 从功能上看，计算机网络可分为( )两部分。
A. 物理子网和逻辑子网　　B. 虚子网和实子网
C. 集中式子网和分布式子网　　D. 通信子网和资源子网

(16) 将单位内部的局域网接入 Internet 所需使用的接入设备是( )。
A. 防火墙　　B. 集线器　　C. 路由器　　D. 中继转发器

(17) 以下各项中，属于电子邮件管理程序的是( )。
A. Aetscape　　B. Word　　C. WPS Office　　D. Outlook Express

(18) Internet 以下域名中，最高层的是( )。
A. BJ　　B. EDU　　C. ARCO　　D. ZSU

(19) 根据域名代码规定，域名为 katong.com.cn 表示网站类别是( )。
A. 教育机构　　B. 军事部门　　C. 商业组织　　D. 国际组织

(20) Internet 实现了分布在世界各地的各类网络互联，其最基础和核心的协议是( )。
A. TCP/IP　　B. FTP　　C. HTML　　D. HTTP

(21) 下列文件格式中，常用于网络的音乐格式是( )。
A. .mp3　　B. .rm　　C. .avi　　D. .mpeg

(22) ( )多用于同类局域网之间的互联。
A. 中继器　　B. 网桥　　C. 路由器　　D. 网关

(23) 在 ISO/OSI 七层模型中，从下至上第一层为( )。
A. 网络层　　B. 物理层　　C. 数据链路层　　D. 传输层

(24) 在广域网中广泛使用的交换技术是( )。
A. 线路交换　　B. 报文交换　　C. 信元交换　　D. 分组交换

(25) 下列叙述中，错误的是( )。

A. 如果要接入 Internet，必须安装 TCP/IP 协议

B. 对于共享的文件，可设置密码控制对其的访问

C. 在同一局域网中，允许不在同一工作组中的计算机同名

D. 使用 Windows 附件中的网络监视器可以对登录本地主机的用户进行管理

(26) Modem 的作用是实现(　　)。

A. 电话拨号　　　　　　　　B. 浏览网上资源

C. A/D 和 D/A 转换　　　　　D. 网络连接

(27) 开放系统互连基本参考模型的缩写是(　　)。

A. IPX/SPX　　B. TCP/IP　　C. WWW　　D. OSI

(28) 网络中的计算机或设备与传输媒介形成的节点与线的物理构成模式，称作网络的(　　)。

A. 通信协议　　B. 体系结构　　C. 拓扑结构　　D. 通信链路

(29) 下列叙述中，正确的是(　　)。

A. Internet 上的每台主机都有一个域名

B. Internet 上的每台主机都有唯一的 IP 地址

C. DNS 的作用是根据域名查找计算机

D. 个人计算机申请了账号并采用电话拨号上网方式接入 Internet，该机就拥有了一个固定的 IP 地址

(30) 计算机网络是由主机、通信设备和(　　)构成。

A. 传输介质　　B. 网络硬件　　C. 体系结构　　D. 通信设计

(31) 某网页的 URL 为 http：//www.gdei.edu.cn，其中"http"指的是(　　)。

A. 访问类型为文件传输协议　　　B. WWW 服务器域名

C. 访问类型为超文本传输协议　　D. WWW 服务器主机名

(32) 双绞线由两条相互绝缘的导线绞合而成，下列关于双绞线的叙述中，不正确的是(　　)。

A. 它既可以传输模拟信号，也可以传输数字信号

B. 安装方便，价格较低

C. 不易受外部干扰，误码率较低

D. 通常只用作建筑物风局域网的通信介质

(33) 人们常采用 Modem 通过电话线上网，其传输速率是(　　)。

A. 1.44～56 Kbps　B. 14 400 bps 以下　C. 1～10 Mbps　D. 56 Kbps 以上

(34) 在 ISO/OSI 的七层模型中，负责路由选择、使发送的分组按其目的地址正确到达目的站的层次是(　　)。

A. 网络层　　B. 数据链接层　　C. 传输层　　D. 物理层

(35) 在计算机网络中,一端连接局域网中的计算机,一端连接局域网的传输介质的部件是(   )。

A. 双绞线　　　　B. 网卡　　　　　C. BNC 接头　　　　D. 终结器（堵头）

(36) 下面关于 WWW 的描述不正确的是(   )。

A. WWW 是 World Wide Web 的编写,通常称为"万维网"

B. WWW 是 Internet 上最流行的信息检索系统

C. WWW 不能提供不同类型的信息检索

D. WWW 是 Internet 上发展最快的应用

(37) 电子邮件是使用(   )发送的。

A. SMTP　　　　B. FTP　　　　　C. UDP　　　　　　D. Telnet

(38) C 类 IP 地址的最高 3 个位,从高到低依次是(   )。

A. 010　　　　　B. 110　　　　　C. 100　　　　　　D. 101

(39) 叙述总线型拓扑结构传送信息的方式,正确的是(   )。

A. 先发送后检测　B. 实时传送　　　C. 争用方式　　　　D. 缓冲方式

(40) TCP/IP 的含义是（   ）。

A. 局域网的传输协议　　　　　　B. 拨号入网的传输协议

C. 传输控制协议和网际协议　　　D. OSI 协议集

(41) 在局域网上的所谓资源是指(   )。

A. 软设备　　　　　　　　　　　B. 硬设备

C. 操作系统和外围设备　　　　　D. 所有的软、硬设备

(42) 在 Internet 服务中,标准端口号是指(   )。

A. 网卡上的物理端口号　　　　　B. 主机在 Hub 上的端口号

C. 网卡在本机中的设备端口号　　D. TCP/IP 中定义的服务端口号

(43) 下列电子邮件地址中书写正确的是(   )。

A. something：njupt. edu. cn　　　B.　mail：something@ njupt. edu. cn

C. something@ njupt. edu. cn　　　D. something@ sina

(44) 计算机网络是一门综合技术的合成,其包含的主要技术是(   )技术与(   )技术。

A. 软件、硬件　　　　　　　　　B. 计算机、电力

C. 计算机、通信　　　　　　　　D. 上述所有内容

(45) 当前使用的 IPv4 地址是(   )比特。

A. 32　　　　　　B. 64　　　　　C. 4　　　　　　　D. 128

(46) 域名服务器上存放着 Internet 主机的(   )和 IP 地址的对照表。

A. 计算机名　　　B. 网络地址　　　C. 域名　　　　　　D. 以上都不对

(47) 在 Internet 上常见的文件类型中,(　　)文件类型一般代表 WWW 页面文件。
A. TXT　　　　B. HTML　　　　C. MP3　　　　D. MSI

(48) 如果要把一个程序文件和已经编辑好的邮件一起发给收信人,应当单击 Outlook Express 窗口中的(　　)按钮添加。
A. 回形针（附件）B. 捆绑　　　C. 发送　　　　D. 以上都不对

(49) 子网掩码的作用是区分 IP 地址中的(　　)位和(　　)位。
A. 网络、子网　　B. 国名、域名　　C. 网络、主机　　D. 以上都不对

(50) 若将一个四段 IP 地址分为两部分,分别为(　　)地址和(　　)地址。
A. 网络、子网　　B. 国名、域名　　C. 网络、主机　　D. 以上都不对

(51) "网上邻居"可以浏览到同一(　　)内和(　　)组中的计算机。
A. 局域网、分　　B. 局域网、工作　　C. 网络、网段　　D. 以上都不对

(52) 与 Web 站点和 Web 页面密切相关的一个概念是"统一资源定位器",它的英文缩写是(　　)。
A. UPS　　　　B. USB　　　　C. ULR　　　　D. URL

(53) 通过 Internet 发送或接收电子邮件的首要条件是应该有一个电子邮件地址,它的正确形式是(　　)。
A. 用户名@域名　B. 用户名#域名　C. 用户名/域名　D. 用户名,域名

(54) 域名是 Internet 服务提供商（ISP）的计算机名,域名中的后缀 .gov 表示机构所属类型为(　　)。
A. 军事机构　　B. 政府机构　　C. 教育机构　　D. 商业公司

(55) (　　)是指连入网络的不同档次、不同型号的微型计算机,它是网络中实际为用户操作的工作平台,它通过插在微型计算机上的网卡和连接电缆与网络服务器相连。
A. 网络工作站　B. 网络服务器　C. 传输介质　　D. 网络操作系统

(56) 目前网络传输介质中传输速率最高的是(　　)。
A. 双绞线　　　B. 同轴电缆　　C. 光缆　　　　D. 电话线

(57) 下列不属于 OSI（开放系统互连）参考模型 7 个层次的是(　　)。
A. 会话层　　　B. 数据链路层　C. 用户层　　　D. 应用层

(58) (　　)是网络的心脏,它提供了网络最基本的核心功能,如网络文件系统、存储器的管理和高度等。
A. 服务器　　　B. 工作站　　　C. 服务器操作系统　D. 通信协议

(59) 在一个"http://www.hziee.edu.cn/index.html"中的"www.hziee.edu.cn"是指(　　)。
A. 一个主机的域名　　　　　　B. 一个主机的 IP 地址
C. 一个 Web 主页　　　　　　D. 一个 IP 地址

(60) 按网络的范围和计算机之间的距离划分的是(　　)。
　　A. NetWare 和 Windows NT　　　　B. WAN 和 LAN
　　C. 星形网络和环形网络　　　　　　D. 公用网和专用网
(61) 网络互联设备中的 Hub 称为(　　)。
　　A. 集线器　　B. 网关　　C. 网卡　　D. 交换机
(62) 匿名 FTP 的用户名是(　　)。
　　A. Guest　　B. Anonymous　　C. Public　　D. Scott
(63) (　　)是属于局域网中外部设备的共享。
　　A. 将多个用户的计算机同时开机
　　B. 借助网络系统传送数据
　　C. 局域网中的多个用户共同使用某个应用程序
　　D. 局域网中的多个用户共同使用网上的一台打印机
(64) 影响局域网性能的主要因素是局域网的(　　)。
　　A. 通信线路　　B. 路由器　　C. 中继器　　D. 调制解调器
(65) 帧中继（Erame Relay）交换是以"帧"为单位进行交换，它是在(　　)上进行的。
　　A. 物理层　　B. 数据链路层　　C. 网络层　　D. 运输层
(66) B 类 IP 地址前 16 位表示网络地址，按十进制来看也就是第一段(　　)。
　　A. 大于 192、大于 256　　　　B. 大于 127、小于 192
　　C. 大于 64、小于 127　　　　 D. 大于 0、小于 64
(67) TCP 的主要功能是(　　)。
　　A. 进行数据分组　　　　　　　B. 保证可靠传输
　　C. 确定数据传输路径　　　　　D. 提高传输速率
(68) 局域网的网络软件主要包括(　　)。
　　A. 网络操作系统、网络数据库管理系统和网络应用软件
　　B. 服务器操作系统、网络数据库管理系统和网络应用软件
　　C. 网络数据库管理系统和工作站软件
　　D. 网络传输协议和网络应用软件
(69) 电子邮件的特点之一是(　　)。
　　A. 采用存储—转发方式在网络上逐步传递信息，不像电话那样直接、即时，但费用较低
　　B. 在通信双方的计算机都开机工作的情况下，方可快速传递数字信息
　　C. 比邮政信函、电报、电话、传真都更快
　　D. 只要在通信双方的计算机之间建立起直接的通信线路，便可快速传递数字信息

(70) 一个用户若想使用电子邮件功能,应当(   )。
A. 通过电话得到一个电子邮局的支持
B. 使自己的计算机通过网络得到网上一个 E-mail 服务器的服务支持
C. 把自己的计算机通过网络与附近的一个邮局连起来
D. 向附近的一个邮局申请,办理建立一个自己专用的信箱

(71) 与 Internet 相连的任何一台计算机,不管是最大型的还是最小型的,都被称为 Internet (   )。
A. 服务器   B. 工作站   C. 客户机   D. 主机

(72) 在电子邮件服务器系统中,(   )服务器负责将邮件发送到客户端。
A. POP3   B. SMTP   C. 客户机   D. 主机

(73) 在电子邮件服务器系统中,(   )服务器负责接收客户端的邮件。
A. POP3   B. SMTP   C. 客户机   D. 主机

(74) 即时通信是一种使人们能在网上识别在线用户名,并与他们实时交换消息的技术。利用即时通信系统进行信息交换时,通信双方必须注册并登录到相同的通信系统中。常见的即时通信软件有(   )等。
A. QQ、MSN、电子邮件   B. QQ、MSN、飞信
C. QQ、MSN、网页   D. QQ、电子邮件、飞信

(75) 关于 TCP 和 UDP,以下哪种说法是正确的?(   )。
A. TCP 和 UDP 都是可靠的传输协议
B. TCP 和 UDP 都不是可靠的传输协议
C. TCP 是可靠的传输协议,UDP 不是可靠的传输协议
D. UDP 是可靠的传输协议,TCP 不是可靠的传输协议

(76) 因特网的域名解析需要借助于一组既独立又协作的域名服务器完成,这些域名服务器组成的逻辑结构为(   )。
A. 总线型   B. 树型   C. 环型   D. 星型

(77) 对路由选择协议的一个要求是必须能够快速收敛,所谓"路由收敛"是指(   )。
A. 路由器能把分组发送到预订的目标
B. 路由器处理分组的速度足够快
C. 网络设备的路由表与网络拓扑结构保持一致
D. 能把多个子网汇聚成一个超网

(78) 当一台计算机从 FTP 服务器下载文件时,在该 FTP 服务器上对数据进行封装的五个转换步骤是(   )。
A. 比特,数据帧,数据包,数据段,数据

B. 数据，数据段，数据包，数据帧，比特

C. 数据包，数据段，数据，比特，数据帧

D. 数据段，数据包，数据帧，比特，数据

(79) 在计算机网络体系结构中，要采用分层结构的理由是（　　）。

A. 可以简化计算机网络的实现

B. 各层功能相对独立，各层因技术进步而做的改动不会影响到其他层，从而保持体系结构的稳定性

C. 比模块结构好。

D. 只允许每层和其上、下相邻层发生联系。

(80) 网络中实现远程登录的协议是（　　）。

A. http　　　　　　B. ftp　　　　　　C. pop3　　　　　　D. telnet

2. 多项选择题

(1) 以下属于协议的有(　　)。

A. NetBEUI　　　B. TCP/IP　　　C. IPX　　　D. UNIX

(2) 局域网一般由(　　)组成。

A. 服务器　　　　　　　　　　B. 用户工作站

C. 路由器　　　　　　　　　　D. 传输介质

(3) 关于计算机网络，以下说法正确的有(　　)。

A. 网络就是计算机的集合

B. 网络可提供远程用户共享网络资源，但可靠性很差

C. 网络是通信技术和计算机技术相结合的产物

D. 当今世界规模最大的网络是互联网

(4) 关于计算机网络的分类，以下说法正确的有(　　)。

A. 按网络拓扑结构划分：总线形、环形、星形和树形等

B. 按网络覆盖范围划分：局域网、城域网、广域网

C. 按传送数据所用的技术划分：资源子网、通信子网

D. 按通信传输介质划分：低速网、中速网、高速网

(5) 下面属于网络操作系统的有(　　)。

A. Windows　　　B. NetWare　　　C. UNIX　　　D. Linux

(6) 以下有关网页保存类型的说法中不正确的是(　　)。

A. "Web 页，全部"，整个网页的图片、文本和超链接

B. "Web 页，全部"，整个网页包括页面结构、图片、文本、嵌入文件和超链接

C. "Web 页，仅 HTML"，网页的图片、文本、窗口框架

D. "Web 档案，单一文件"，网页的图片、文本和超链接

（7）在 Internet Explorer 中打开网站和网页的方法可以是（　　）。

A. 利用地址栏　　　　　　　　B. 利用浏览器栏

C. 利用链接栏　　　　　　　　D. 利用标题栏

（8）以下是 Internet 的特点的有（　　）。

A. 便于检索各类信息

B. 不论采用何种协议，任何两台主机之间都可以进行通信

C. 信息量大

D. 信息可以在全球范围内传播

（9）下列关于网络协议说法不正确的是（　　）。

A. 网络使用者之间的口头协定

B. 通信协议是通信双方共同遵守的规则或约定

C. 所有网络都采用相同的通信协议

D. 两台计算机如果不使用同一种操作系统，则它们之间就不能通信

（10）下列选项中，属于 Internet（因特网）基本功能的是（　　）。

A. 电子邮件　　　　　　　　　B. 文件传输

C. 网页浏览　　　　　　　　　D. 实时监测控制

（11）能够通过 POP3 协议收发 E-mail 的客户端软件有（　　）。

A. MSN　　　B. Microsoft Outlook　　C. Foxmail　　　D. Internet Explorer

（12）关于电子邮件（E-mail）下面的说法正确的是（　　）。

A. 发送电子邮件时，通信双方必须都在场

B. 电子邮件可以同时发送给多个用户

C. 电子邮件比人工邮件传送迅速，可靠且范围更广

D. 在一个电子邮件中可以发送文字、图像、语音等信息

（13）当用户计算机通过连入局域网上网时，为了保证正常工作，通常需要设置（　　）。

A. 用户计算机 IP 地址　　　　　B. DNS 服务器地址

C. 子网掩码　　　　　　　　　D. 浏览器

（14）下面是 Web 浏览器的有（　　）。

A. Internet Explorer　　　　　　B. Netscape Navigator

C. Firefox　　　　　　　　　　D. Linux

（15）对于脱机浏览工作方式的说法，正确的是（　　）。

A. 脱机浏览是在离线情况下访问某个网站中的网页

B. 脱机浏览可以加快浏览速度

C. 脱机浏览可以改进网页中图像的质量

D. 当计算机没有连接上网时,浏览器会自动使用脱机方式浏览

(16) 下列叙述中正确的是( )和( )。

A. 共享密码分为只读密码、只写密码和完全密码3种

B. 使用Office附带的Outlook可以收取E-mail

C. 通过"网上邻居"可以访问网络中共享的文件

D. 使用快速格式化软盘的方法,也可以修复磁盘中损坏的文件

E. 任何软盘在进行格式化时,均可选择快速格式化选项

(17) 网络操作系统是管理网络软件、硬件资源的核心,常见的局域网操作系统有Windows NT、( )和( )。

  A. DOS   B. Windows   C. Netware   D. UNIX

(18) 用局域网连接Internet时,在添加TCP/IP后,还需要在本机的TCP/IP属性中设置( )、( )、( ),才能连接Internet。

  A. 子网掩码   B. 网关

  C. IP地址   D. 代理服务器地址

(19) 一个IP地址由3个部分组成,它们是( )、( )、( )字段。

  A. 类别   B. 网络号   C. 主机号   D. 域名

(20) 无线传输媒体除常见的无线电波外,通过空间直接传输的还有( )、( )、( )3种技术。

  A. 微波   B. 红外线   C. 激光   D. 紫外线

(21) 下列关于局域网拓扑结构的叙述中,正确的有( )、( )、( )。

A. 星形结构的中心站发生故障时,会导致整个网络停止工作

B. 环形结构网络上的设备是串在一起的

C. 总线型结构网络中,若某台工作站故障,一般不影响整个网络的正常工作

D. 树形结构的数据采用单极传输,故系统响应速度较快

(22) TCP/IP把Internet网络系统描述成具有4层功能的网络模型,即接口层、网络层、( )和( )。

  A. 关系层   B. 应用层   C. 表示层   D. 传输层

(23) 计算机网络的拓扑结构有( )、( )、( )。

  A. 星形   B. 环形   C. 总线型   D. 三角形

(24) 用户可对IE浏览器的主页进行设置,其方式有( )。

  A. 使用当前页   B. 使用默认页   C. 使用空白页   D. 直接录入网址

(25) 用户可对Outlook Exprees的"发送"进行设置,主要内容有( )、( )。

  A. 立即发送邮件   B. 回复时包含原邮件

  C. 发送新闻组   D. 显示邮件

（26）计算机网络体系结构是指计算机网络（　　）和（　　）的集合。
A. 层次模型　　　B. 各层协议　　　C. 客户机　　　D. 主机
（27）建立局域网时，每台计算机应安装（　　）、（　　）。
A. 网络适配器　　　　　　　　　B. 相应的网络适配器的驱动程序
C. 相应的调制解调器的驱动程序　　D. 调制解调器
（28）网络按通信方式分类，可分为（　　）和（　　）。
A. 点对点传输网络　　　　　　　B. 广播式传输网络
C. 数据传输网络　　　　　　　　D. 对等式网络
（29）计算机网络完成的基本功能是（　　）和（　　）。
A. 数据处理　　　B. 数据传输　　　C. 报文发送　　　D. 报文存储
（30）计算机网络的安全目标要求网络保证其信息系统资源的完整性、准确性和有限的传播范围，还必须保障网络信息的（　　）、（　　），以及网络服务的保密性。
A. 保密性　　　B. 可选择性　　　C. 可用性　　　D. 审查性

3. 判断题

（1）IP 地址用 3 个字节二进制数进行存储和识别。　　　　　　　　　　（　　）
（2）域名中子域名用"//"分隔。　　　　　　　　　　　　　　　　　（　　）
（3）WWW 地址主机名与路径、文件名间的分隔符为"/"。　　　　　　（　　）
（4）Yangfan@263.net.cn 是一个合法的 E-mail 地址。　　　　　　　　（　　）
（5）甲向乙发 E-mail，其 E-mail 直接放在乙电脑的收件箱中。　　　　（　　）
（6）www 浏览只能使用 Interner Explorer 和 Netscape Navigator。　　　（　　）
（7）从网址 www、stastics、gov 看，它属于商业部门。　　　　　　　（　　）
（8）E-mail 地址中用户名与主机域名间用"@"分隔。　　　　　　　　（　　）
（9）数据通信中的信道传输速率单位 bps 表示"字节/秒"。　　　　　　（　　）
（10）WWW 服务器使用统一资源定位器 URL 编址机制。　　　　　　（　　）
（11）网络中可用 FTP 实现文件的传输。　　　　　　　　　　　　　（　　）
（12）域名不分大小写。　　　　　　　　　　　　　　　　　　　　（　　）
（13）Internet 是一个局域网。　　　　　　　　　　　　　　　　　　（　　）
（14）Internet 上，一台主机可以有多个 IP 地址。　　　　　　　　　　（　　）
（15）E-mail 地址由两个主要部分组成，中间一定要有"@"分隔。　　　（　　）
（16）WWW 是一种基于超文本方式的信息检索服务工具。　　　　　（　　）
（17）Internet（因特网）上最基本的通信协议是 TCP/IP。　　　　　　（　　）
（18）一般的浏览器用不同的颜色来区别访问过和未访问过的连接。　　（　　）
（19）广域网的简称是 LAN。　　　　　　　　　　　　　　　　　　（　　）
（20）域名后缀为 com 的主页一般属于商业机构。　　　　　　　　　（　　）

(21) 根据网络的覆盖范围以及网内计算机之间的距离，可以把网络分为局域网和广域网。（　　）

(22) 可以将任何网页设置成自己的主页。（　　）

(23) 域名系统中代表中国的是 china。（　　）

(24) 网络域名地址一般都通俗易懂，大多采用英文名称的缩写来命名。（　　）

(25) ISO 划分网络层次的基本原则是：不同节点具有不同的层次，不同节点的相同层次有相同的功能。（　　）

(26) 目前使用的广域网基本都采用星型拓扑结构。（　　）

(27) NetBEUI 是微软件公司的主要网络协议。（　　）

(28) 双绞线是目前带宽最宽、信号转输衰减最小、抗干扰能力最强的一类传输介质。（　　）

(29) 应用网关是在数据链路层实现网络设备互连的设备。（　　）

(30) Novell 公司的 Netwarw 采用 IPS/SPX 协议。（　　）

(31) 帧中继的设计主要是针对局域网到连为目标。（　　）

(32) UNIX 和 LINUX 操作系统均适合作网络服务器的基本平台工作。（　　）

(33) 分布式操作系统与网络操作系统相比，内部管理都需要网络地址。（　　）

(34) Novell 公司的 Netware 采用 IPX/SPX 协议。（　　）

(35) 网络域名一般都通俗易懂，大多采用英文名称的缩写来命名。（　　）

(36) 两台计算机利用电话线路传输数据信号时必备的设备之一是网卡。（　　）

(37) ISO 划分网络层次的基本原则是：不同节点具有相同的层次，不同节点的相同层次有相同的功能。（　　）

(38) TCP/IP 协议中，TCP 提供可靠的面向连接服务，UDP 提供简单的无连接服务，应用层服务建立在该服务之上。（　　）

(39) 目前使用的广域网基本都采用网状拓扑结构。（　　）

(40) NetBEUI 是微软公司的主要网络协议。（　　）

(41) 路由器是属于数据链路层的互联设备。（　　）

(42) ATM 的信元长度最小为 35 字节。（　　）

(43) 传输控制协议（TCP）属于传输层协议，而用户数据报协议（UDP）属于网络层协议。（　　）

(44) 如果多台计算机之间存在着明确的主/从关系，其中一台中心控制计算机可以控制其他连接计算机的开启与关闭，那么这样的多台计算机系统就构成了一个计算机网络。（　　）

(45) 对用户而言，计算机网络与分布式计算机系统的主要区别不在于它们的物理结构，而是在高层软件上。（　　）

(46) WindowsNT 和 UNIX 或 Linux 操作系统均适合作网络服务器的基本平台工作。
( )

(47) RIP（RoutingInformationProtocol）是一种路由协议，即路由信息协议。( )

(48) 网络结构的基本概念是分层的思想，其核心是对等实体间的通信，为了使任何对等实体之间都能进行通信，必需制定并共同遵循一定的通信规则，即协议标准。( )

(49) 目前使用的广域网基本都采用网状拓扑结构。 ( )

(50) 应用网关是在网络层实现网络互连的设备。 ( )

(51) PPP（Point-to-PointProtocol，点到点的协议）是一种在同步或异步线路上对数据进行封装的数据链路协议。早期的家庭拨号上网主要采用 SLIP 协议，而现在，更多的是用 PPP 协议。 ( )

(52) 双绞线是目前最常用的带宽最宽、信号传输衰减最小、抗干扰能力最强的一类传输介质。 ( )

(53) 所有以太网交换机端口既支持 10BASE-T 标准，又支持 100BASE-T 标准。
( )

(54) Ethernet、TokenRing 与 FDDI 是构成虚拟局域网的基础。 ( )

(55) ATM 既可以用于广域网，又可以用于局域网，这是因为它的工作原理与 Ethernet 基本上是相同的。 ( )

(56) Windows 操作系统各种版本均适合作网络服务器的基本平台。 ( )

(57) 局域网的安全措施首选防火墙技术。 ( )

(58) 帧中继的设计主要是以广域网互连为目标。 ( )

(59) 应用网关是在应用层实现网络互连的设备。 ( )

(60) 双绞线是目前带宽最宽、信号传输衰减最小、抗干扰能力最强的一类传输介质。
( )

(61) PPP（Point-to-PointProtocol，点到点协议）是一种在同步或异步线路上对数据包进行封装的数据链路层协议，早期的家庭拨号上网主要采用 SLIP 协议，而现在更多的是用 PPP 协议。 ( )

(62) 如果多台计算机之间存在着明确的主/从关系，其中一台中心控制计算机可以控制其他连接计算机的开启与关闭，那么这样的多台计算机就构成了一个计算机网络。
( )

(63) 连接多 LAN 的交换多兆位数据服务（SDMS）是一种高速无连接的交换式数字通信网，而帧中继是一种面向连接的数字通信网。 ( )

(64) UNIX 和 Linux 操作系统均适合作网络服务器的基本平台。 ( )

(65) 所有以太网交换机端口既支持 10BASET 标准，又支持 100BASE-T 标准。
( )

（66）交换局域网的主要特性之一是它的低交换传输延迟。局域网交换机的传输延迟时间仅高于网桥，而低于路由器。   （ ）

（67）对等网络结构中连接网络节点的地位平等，安装在网络节点上的局域网操作系统具有基本相同的结构。   （ ）

（68）网络域名地址便于用户记忆，通俗易懂，可以采用英文也可以用中文名称命名。   （ ）

（69）ISO 划分网络层次的基本原则是：不同的节点都有相同的层次；不同节点的相同层次可以有不同的功能。   （ ）

（70）RIP（RoutingInformationProtocol）是一种路由协议。   （ ）

（71）如果一台计算机可以和其他地理位置的另一台计算机进行通信，那么这台计算机就是一个遵循 OSI 标准的开放系统。   （ ）

（72）传输控制协议（TCP）属于传输层协议，而用户数据报协议（UDP）属于网络层协议。   （ ）

（73）介质访问控制技术是局域网的最重要的基本技术。   （ ）

（74）半双工通信只有一个传输通道。   （ ）

（75）OSI 参考模型是一种国际标准。   （ ）

（76）LAN 和 WAN 的主要区别是通信距离和传输速率。   （ ）

（77）所有的噪声都来自于信道的内部。   （ ）

（78）差错控制是一种主动的防范措施。   （ ）

（79）双绞线不仅可以传输数字信号，而且也可以传输模拟信号。   （ ）

（80）TCP/IP 是参照 ISO/OSI 制定的协议标准。   （ ）

2016 年一级 MS Office 真考试题（1）

（考试时间 90 分钟，满分 100 分）

1. 选择题

（1）下列软件中，属于系统软件的是（　　）。

A. 办公自动化软件　　　　　　B. Windows XP

C. 管理信息系统　　　　　　　D. 指挥信息系统

（2）已知英文字母 m 的 ASCII 码值为 6DH，那么 ASCII 码值为 71H 的英文字母是（　　）。

A. M　　　　　B. j　　　　　C. p　　　　　D. q

（3）控制器的功能是（　　）。

A. 指挥、协调计算机各部件工作　　B. 进行算术运算和逻辑运算

C. 存储数据和程序　　　　　　　　D. 控制数据的输入和输出

（4）计算机的技术性能指标主要是指（　　）。

A. 计算机所配备的语言、操作系统、外部设备

B. 硬盘的容量和内存的容量

C. 显示器的分辨率、打印机的性能等配置

D. 字长、运算速度、内/外存容量和 CPU 的时钟频率

（5）在下列关于字符大小关系的说法中，正确的是（　　）。

A. 空格>a>A　　　　　　　　B. 空格>A>a

C. a>A>空格　　　　　　　　D. A>a>空格

（6）声音与视频信息在计算机内的表现形式是（　　）。

A. 二进制数字　　　　　　　　B. 调制

C. 模拟　　　　　　　　　　　D. 模拟或数字

（7）计算机系统软件中最核心的是（　　）。

A. 语言处理系统　　　　　　　B. 操作系统

C. 数据库管理系统　　　　　　D. 诊断程序

（8）下列关于计算机病毒的说法中，正确的是（　　）。

A. 计算机病毒是一种有损计算机操作人员身体健康的生物病毒

B. 计算机病毒发作后,将造成计算机硬件永久性的物理损坏

C. 计算机病毒是一种通过自我复制进行传染,破坏计算机程序和数据的小程序

D. 计算机病毒是一种有逻辑错误的程序

(9) 能直接与 CPU 交换信息的存储器是(　　)。

A. 硬盘存储器　　B. CD-ROM　　C. 内存储器　　D. 软盘存储器

(10) 下列叙述中,错误的是(　　)。

A. 把数据从内存传输到硬盘的操作称为写盘

B. WPS Office 2010 属于系统软件

C. 把高级语言源程序转换为等价的机器语言目标程序的过程叫编译

D. 计算机内部对数据的传输、存储和处理都使用二进制

(11) 以下关于电子邮件的说法,不正确的是(　　)。

A. 电子邮件的英文简称是 E-mail

B. 加入 Internet 的每个用户通过申请都可以得到一个"电子信箱"

C. 在一台计算机上申请的"电子信箱",以后只有通过这台计算机上网才能收信

D. 一个人可以申请多个电子信箱

(12) RAM 的特点是(　　)。

A. 海量存储器

B. 存储在其中的信息可以永久保存

C. 一旦断电,存储在其上的信息将全部消失,且无法恢复

D. 只用来存储中间数据

(13) 因特网中 IP 地址用 4 组十进制数表示,每组数字的取值范围是(　　)。

A. 0~127　　　　　　　　　　B. 0~128

C. 0~255　　　　　　　　　　D. 0~256

(14) Internet 最初创建时的应用领域是(　　)。

A. 经济　　　　B. 军事　　　　C. 教育　　　　D. 外交

(15) 某 800 万像素的数码相机,拍摄照片的最高分辨率大约是(　　)。

A. 3200 × 2400　　　　　　　B. 2048 × 1600

C. 1600 × 1200　　　　　　　D. 1024 × 768

(16) 微机硬件系统中最核心的部件是(　　)。

A. 内存储器　　　　　　　　　B. 输入输出设备

C. CPU　　　　　　　　　　　D. 硬盘

(17) 1 KB 的准确数值是(　　)。

A. 1024Byte　　　　　　　　　B. 1000Byte

C. 1024bit   D. 1000bit

(18) DVD-ROM 属于（　　）。

A. 大容量可读可写外存储器

B. 大容量只读外部存储器

C. CPU 可直接存取的存储器

D. 只读内存储器

(19) 移动硬盘或 U 盘连接计算机所使用的接口通常是（　　）。

A. RS-232C 接 H　B. 并行接口

C. USB　　　D. UBS

(20) 下列设备组中，完全属于输入设备的一组是（　　）。

A. CD-ROM 驱动器、键盘、显示器

B. 绘图仪、键盘、鼠标器

C. 键盘、鼠标器、扫描仪

D. 打印机、硬盘、条码阅读器

2. 基本操作题

(1) 将考生文件夹下的 MICRO 文件夹中的文件 SAK.PAS 删除。

(2) 在考生文件夹下的 POP \ PUT 文件夹中建立一个名为 HUM 的新文件夹。

(3) 将考生文件夹下的 COON \ FEW 文件夹中的文件 RAD.FOR 复制到考生文件夹下的 ZUM 文件夹中。

(4) 将考生文件夹下的 UEM 文件夹中的文件 MACRO.NEW 设置成隐藏和只读属性。

(5) 将考生文件夹下的 MEP 文件夹中的文件 PGUP.FIP 移动到考生文件夹下的 QEEN 文件夹中，并改名为 NE-PA.JEP。

3. 字处理题

(1) 在考生文件夹下，打开文档 Word1.DOCX，按照要求完成下列操作并以该文件名（Word1.DOCX）保存文档。

【文档开始】

"星星连珠"会引发灾害吗?

"星星连珠"时，地球上会发生什么灾变吗？答案是："星星连珠"发生时，地球上不会发生什么特别的事件。

不仅对地球，就是对其他星星、小星星和彗星也一样不会产生什么特别影响。

为了便于直观的理解，不妨估计一下来自星星的引力大小。这可以运用牛顿的万有引力定律来进行计算。

科学家根据 6000 年间发生的"星星连珠"，计算了各星星作用于地球表面一个 1 千克

物体上的引力。最强的引力来自太阳,其次是来自月球。与来自月球的引力相比,来自其他星星的引力小得微不足道。就算"星星连珠"像拔河一样形成合力,其影响与来自月球和太阳的引力变化相比,也小得可以忽略不计。

【文档结束】

①将标题段文字("'星星连珠'会引发灾害吗?")设置为蓝色(标准色)小三号黑体、加粗、居中。

②设置正文各段落("'星星连珠'时,……可以忽略不计。")左右各缩进0.5字符、段后间距0.5行。将正文第1段("'星星连珠'时,……特别影响。")分为等宽的两栏、栏间距为0.19字符、栏间加分隔线。

③设置页面边框为红色1磅方框。

(2)在考生文件夹下,打开文档Word2.DOCX,按照要求完成下列操作并以该文件名(Word2.DOCX)保存文档。

【文档开始】

职工号	单位	姓名	基本工资	职务工资	岗位津贴
1031	一厂	王平	706	350	380
2021	二厂	李万全	850	400	420
3074	三厂	刘福来	780	420	500
1058	一厂	张雨	670	360	390

【文档结束】

①在表格最右边插入一列,输入列标题"实发工资",并计算出各职工的实发工资。按"实发工资"列升序排列表格内容。

②设置表格居中、表格列宽为2厘米,行高为0.6厘米、表格所有内容水平居中;设置表格所有框线为1磅红色单实线。

4. 电子表格题

(1)打开工作簿文件EXCEl.XLSX:①将Sheet1工作表的A1:G1单元格区域合并为一个单元格,内容水平居中;根据提供的工资浮动率计算工资的浮动额;再计算浮动后工资;为"备注"列添加信息,如果员工的浮动额大于800元,在对应的备注列内填入"激励",否则填入"努力"(利用IF函数);设置"备注"列的单元格样式为"40%—强调文字颜色2"。②选取"职工号""原来工资"和"浮动后工资"列的内容,建立"堆积面积图",设置图表样式为"样式28",图例位于底部,图表标题为"工资对比图",位于图的上方,将图插入到表的A14:G33单元格区域内,将工作表命名为"工资对比表"(见图2-1)。

	A	B	C	D	E	F	G
1	某部门人员浮动工资情况表						
2	序号	职工号	原来工资（元）	浮动率	浮动额（元）	浮动后工资（元）	备注
3	1	H089	6000	15.50%			
4	2	H007	9800	11.50%			
5	3	H087	5500	11.50%			
6	4	H012	12000	10.50%			
7	5	H045	6500	11.50%			
8	6	H123	7500	9.50%			
9	7	H059	4500	10.50%			
10	8	H069	5000	11.50%			
11	9	H079	6000	12.50%			
12	10	H033	8000	11.60%			

图 2-1

（2）打开工作簿文件 EXC. XLSX，对工作表“产品销售情况表”内数据清单的内容建立数据透视表，行标签为“分公司”，列标签为“产品名称”，求和项为“销售额（万元）”，并置于现工作表的 J6：N20 单元格区域，工作表名不变，保存 EXC. XLSX 工作簿，如图 2-2 所示。

	A	B	C	D	E	F	G
1	季度	分公司	产品类别	产品名称	销售数量	销售额（万元）	销售额排名
2	1	西部2	K-1	空调	89	12.28	26
3	1	南部3	D-2	电冰箱	89	20.83	9
4	1	北部2	K-1	空调	89	12.28	26
5	1	东部3	D-2	电冰箱	86	20.12	10
6	1	北部1	D-1	电视	86	38.36	1
7	3	南部2	K-1	空调	86	30.44	4
8	3	西部2	K-1	空调	84	11.59	28
9	2	东部2	K-1	空调	79	27.97	6
10	3	西部1	D-1	电视	78	34.79	2
11	3	南部3	D-2	电冰箱	75	17.55	18
12	2	北部1	D-1	电视	73	32.56	3
13	2	西部3	D-2	电冰箱	69	22.15	8
14	1	东部1	D-1	电视	67	18.43	14
15	3	东部1	D-1	电视	66	18.15	16
16	2	东部3	D-2	电冰箱	65	15.21	23
17	1	南部1	D-1	电视	64	17.60	17
18	3	北部1	D-1	电视	64	28.54	5
19	2	南部2	K-1	空调	63	22.30	7
20	1	西部3	D-2	电冰箱	58	18.62	13
21	3	西部3	D-2	电冰箱	57	18.30	15
22	2	东部1	D-1	电视	56	15.40	22
23	2	西部2	K-1	空调	56	7.73	33
24	1	南部2	K-1	空调	54	19.12	11
25	3	北部3	D-2	电冰箱	54	17.33	19
26	3	北部2	K-1	空调	53	7.31	35
27	2	北部3	D-2	电冰箱	48	15.41	21
28	3	南部1	D-1	电视	46	12.65	25
29	2	南部3	D-2	电冰箱	45	10.53	29
30	3	东部2	K-1	空调	45	15.93	20
31	1	北部3	D-2	电冰箱	43	13.80	24
32	2	西部1	D-1	电视	42	18.73	12

图 2-2

5. 演示文稿题

打开考生文件夹下的演示文稿 yswg. pptx，按照下列要求完成对此文稿的修饰并保存（见图 2-3）。

（1）在幻灯片的标题区中输入“中国的 DXF100 地效飞机”，文字设置为黑体、加粗、54 磅字，红色（RGB 模式：红色 255，绿色 0，蓝色 0）。插入版式为“标题和内容”的新幻灯片，作为第 2 张幻灯片。第 2 张幻灯片的标题内容为“DXF100 主要技术参数”，文本内容为“可载乘客 15 人，装有两台 300 马力航空发动机。”。第 1 张幻灯片中的飞机图片动画设置为“进入”“飞入”，效果选项为“自右侧”。第 2 张幻灯片前插入一版式为

图 2-3

"空白"的新幻灯片,并在位置(水平:5.3厘米,自:左上角,垂直:8.2厘米,自:左上角)插入样式为"填充—蓝色,强调文字颜色2,粗糙棱台"的艺术字"DXF100 地效飞机",文字效果为"转换—弯曲—倒V形"。

(2)第2张幻灯片的背景预设颜色为"雨后初晴",类型为"射线",并将该幻灯片移为第1张幻灯片。全部幻灯片切换方案设置为"时钟",效果选项为"逆时针",放映方式为"观众自行浏览"。

6. 上网题

接收并阅读由 xuexq@mail.neea.edu.cn 发来的 E-mail,并按 E-mail 中的指令完成操作。

2016 年一级 MS Omce 真考试题（2）

（考试时间 90 分钟，满分 100 分）

1. 选择题

(1) 字长是 CPU 的主要性能指标之一，它表示（　　）。

A. CPU 一次能处理二进制数据的位数

B. 最长的十进制整数的位数

C. 最大的有效数字位数

D. 计算结果的有效数字长度

(2) 字长为 7 位的无符号二进制整数能表示的十进制整数的数值范围是（　　）。

 A. 0~128　　　　B. 0~255　　　　C. 0~127　　　　D. 1~127

(3) 下列不能用作存储容量单位的是（　　）。

 A. Byte　　　　　　　　　　B. GB

 C. MIPS　　　　　　　　　　D. KB

(4) 十进制整数 64 转换为二进制整数等于（　　）。

 A. 1100000　　　　　　　　B. 1000000

 C. 1000100　　　　　　　　D. 1000010

(5) 下列软件中，属于系统软件的是（　　）。

 A. 航天信息系统　　　　　　B. Office 2003

 C. Windows 7　　　　　　　D. 决策支持系统

(6) 汉字国标码（GB2312-80）把汉字分成（　　）。

 A. 简化字和繁体字两个等级

 B. 一级汉字，二级汉字和三级汉字三个等级

 C. 一级常用汉字，二级次常用汉字两个等级

 D. 常用字、次常用字、罕见字三个等级

(7) 一个完整的计算机系统应该包含（　　）。

 A. 主机、键盘和显示器

 B. 系统软件和应用软件

C. 主机、外设和办公软件

D. 硬件系统和软件系统

(8) 微机的硬件系统中，最核心的部件是（　　）。

A. 内存储器　　　　　　　　B. 输入/输出设备

C. CPU　　　　　　　　　　D. 硬盘

(9) 在 ASCII 码表中，根据码值由小到大的排列顺序是（　　）。

A. 空格字符、数字符、大写英文字母、小写英文字母

B. 数字符、空格字符、大写英文字母、小写英文字母

C. 空格字符、数字符、小写英文字母、大写英文字母

D. 数字符、大写英文字母、小写英文字母、空格字符

(10) 在 CD 光盘上标记有 "CD-RW" 字样，此标记表明这张光盘（　　）。

A. 只能写入一次，可以反复读出的一次性写入光盘

B. 可多次擦除型光盘

C. 只能读出，不能写入的只读光盘

D. RW 是 Read and Write 的缩写

(11) 下列叙述中，错误的是（　　）。

A. 硬盘在主机箱内，它是主机的组成部分

B. 硬盘是外部存储器之一

C. 硬盘的技术指标之一是每分钟的转速 rpm

D. 硬盘与 CPU 之间不能直接交换数据

(12) 高级程序设计语言的特点是（　　）。

A. 高级语言数据结构丰富

B. 高级语言与具体的机器结构密切相关

C. 高级语言接近算法语言不易掌握

D. 用高级语言编写的程序，计算机可立即执行

(13) 以下关于编译程序的说法正确的是（　　）。

A. 编译程序属于计算机应用软件，所有用户都需要编译程序

B. 编译程序不会生成目标程序，而是直接执行源程序

C. 编译程序完成高级语言程序到低级语言程序的等价翻译

D. 编译程序构造比较复杂，一般不进行出错处理

(14) 下列各项中，正确的电子邮箱地址是（　　）。

A. L202@sina.com　　　　　　B. qq202#yahoo.eom

C. A112.256.23.8　　　　　　D. K201yahoo.tom.cn

(15) 现代微型计算机中所采用的电子器件是（　　）。

A. 电子管 B. 晶体管
C. 小规模集成电路 D. 大规模和超大规模集成电路

(16) 下列叙述中，正确的是（　　）。

A. 一个字符的标准 ASCII 码占一个字节的存储量，其最高位二进制总为 0

B. 大写英文字母的 ASCII 码值大于小写英文字母的 ASCII 码值

C. 同一个英文字母（如 A）的 ASCII 码和它在汉字系统下的全角内码是相同的

D. 一个字符的 .ASCII 码与它的内码是不同的

(17) 组成计算机硬件系统的基本部分是（　　）。

A. CPU、键盘和显示器

B. 主机和输入/输出设备

C. CPU 和输入/输出设备

D. CPU、硬盘、键盘和显示器

(18) 在计算机指令中，规定其所执行操作功能的部分称为（　　）。

A. 地址码 B. 源操作数
C. 操作数 D. 操作码

(19) 下列叙述中，正确的是（　　）。

A. 计算机病毒只在可执行文件中传染

B. 计算机病毒主要通过读/写移动存储器或 Internet 进行传播

C. 只要删除所有感染了病毒的文件就可以彻底消除病毒

D. 计算机杀病毒软件可以查出和清除任意已知的和未知的计算机病毒

(20) 拥有计算机并以拨号方式接入 Internet 的用户需要使用（　　）。

A. CD-ROM B. 鼠标器
C. 软盘 D. Modem

2. 基本操作题

(1) 在考生文件夹下的 CCTVA 文件夹中新建一个文件夹 LEDER。

(2) 将考生文件夹下的 HIGER \ YION 文件夹中的文件 ARIP.BAT 重命名为 FAN.BAT。

(3) 将考生文件夹下的 GOREST \ TREE 文件夹中的文件 LEAF.MAP 设置为只读属性。

(4) 将考生文件夹下的 BOP \ YIN 文件夹中的文件 FILE.WRI 复制到考生文件夹下的 SHEET 文件夹中。

(5) 将考生文件夹下的 XEN \ FISHER 文件夹中的文件夹 EAT-A 删除。

3. 字处理题

(1) 在考生文件夹下，打开文档 Word1.DOCX，按照要求完成下列操作并以该文件名

（Word1. DOCX）保存文档。

【文档开始】

多媒体系统的特征

多媒体电脑是指能对多种媒体进行综合处理的电脑，它除了有传统的电脑配置之外，还必须增加大容量存储器、声音、图像等媒体的输入输出接口和设备，以及相应的多媒体处理软件。多媒体电脑是典型的多媒体系统。因为多媒体系统强调以下三大特征：集成性、交互性和数字化特征。

交互性是指人能方便地与系统进行交流，以便对系统的多媒体处理功能进行控制。

集成性是指可对文字、图形、图像、声音、视像、动画等信息媒体进行综合处理，达到各媒体的协调一致。

数字化特征是指各种媒体的信息，都以数字的形式进行存储和处理，而不是传统的模拟信号方式。

【文档结束】

①将文中所有"电脑"替换为"计算机"；将标题段文字（"多媒体系统的特征"）设置为二号蓝色（标准色）阴影黑体、加粗、居中。

②并将正文第2段文字（"交互性是……进行控制。"）移至第3段文字（"集成性是……协调一致。"）之后（但不与第3段合并）。将正文各段文字（"多媒体计算机……模拟信号方式。"）设置为小四号宋体；各段落左右各缩进1字符、段前间距0.5行。

③设置正文第1段（"多媒体计算机……和数字化特征。"）首字下沉两行（距正文0.2厘米）；为正文后3段添加项目符号●。

（2）在考生文件夹下，打开文档Word2. DOCX，按照要求完成下列操作并以该文件名（Word2. DOCX）保存文档。

①制作一个3行4列的表格，设置表格居中、表格列宽2厘米、行高0.8厘米；将第2、3行的第4列单元格均匀拆分为两列，将第3行的第2、3列单元格合并。

②在表格左侧添加1列；设置表格外框线为1.5磅红色双窄线、内框线为1磅蓝色（标准色）单实线；为表格第1行添加"红色，强调文字颜色2，淡色80%"底纹。

4. 电子表格题

（1）打开工作簿文件Excel. XLSX：①将Sheet1工作表的. A1：F1单元格区域合并为一个单元格，内容水平居中；计算"上升案例数"（保留小数点后0位），其计算公式是：上升案例数=去年案例数×上升比率；给出"备注"列信息（利用IF函数），上升案例数大于50，给出"重点关注"，上升案例数小于50，给出"关注"；利用套用表格格式的"表样式浅色15"修饰A2：F7单元格区域。②选择"地区"和"上升案例数"两列数据区域的内容建立"三维簇状柱形图"，图表标题为"上升案例数统计图"，图例靠上；将图插入到表A10：F25单元格区域，将工作表命名为"上升案例数统计表"，保存Excel.XLSX 文件（见图 2-4）。

图 2-4

（2）打开工作簿文件 EXC.XLSX，对工作表"产品销售情况表"内数据清单的内容建立高级筛选，在数据清单前插入 4 行，条件区域设在 B1：F3 单元格区域，请在对应字段列内输入条件，条件是："西部 2"的"空调"和"南部 1"的"电视"，销售额均在 10 万元以上，工作表名不变，保存 EXC.XLSX 工作簿。

5. 演示文稿题

打开考生文件夹下的演示文稿 yswg.pptx，按照如图 2-5 所示要求完成对此文稿的修饰并保存。

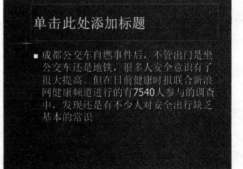

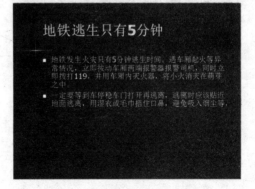

图 2-5

（1）使用"穿越"主题修饰全文。

（2）在第 1 张幻灯片前插入版式为"标题和内容"的新幻灯片，标题为"公共交通工具逃生指南",内容区插入3行2列的表格,第1列的1、2、3行内容依次为"交通工具""地铁"和"公交车",第1行第2列内容为"逃生方法",将第4张幻灯片内容区的文本移到表格第3行第2列,将第5张幻灯片内容区的文本移到表格第2行第2列。表格样式为"中度样式4-强调2"。在第1张幻灯片前插入版式为"标题幻灯片"的新幻灯片,主标题输入"公共交通工具逃生指南",并设置为"黑体"、43磅、红色(RGB模式:红色193、绿色0、蓝色0),副标题输入"专家建议",并设置为"楷体"、27磅。第4张幻灯片的版式改为"两栏内容",将第3张幻灯片的图片移入第4张幻灯片内容区,标题为"缺乏安全出行基本常识"。图片动画设置为"进入""玩具风车"。第4张幻灯片移到第2张幻灯片之前,并删除第4、5、6张幻灯片。

6. 上网题

某模拟网站的主页地址是HTTP://LOCALHOST:65531/ExamWeb/INDEX.HTM,打开此主页,浏览"天文小知识"页面,查找"火星"的页面内容,并将它以文本文件的格式保存到考生目录下,命名为"huoxing.txt"。

参考答案

(以下答案并不一定是绝对正确和唯一标准,仅供参考;请读者通过认真学习和实践操作,并参考配套教材获得相关知识)。

习题 2.1

1. 单项选择题

(1) A (2) A (3) A (4) D (5) B (6) A (7) D (8) D (9) D (10) B (11) C (12) C (13) D (14) C (15) D (16) A (17) D (18) D (19) A (20) D (21) C (22) A (23) A (24) A (25) C (26) B (27) A (28) A (29) AC (30) D (31) B (32) C (33) C (34) B (35) B (36) D (37) B (38) B (39) B (40) A (41) B (42) D (43) D (44) A (45) A (46) A (47) D (48) D (49) C (50) C (51) C (52) B (53) A (54) B (55) D (56) B (57) B (58) A (59) C (60) A (61) D (62) B (63) B (64) C (65) B (66) D (67) C (68) C (69) A (70) C (71) B (72) C (73) B (74) A (75) A (76) C (77) D (78) B (79) CD (80) B

2. 多项选择题

(1) CD (2) BC (3) ABC (4) BD (5) ACD (6) ABCD (7) ACD (8) C (9) ABC (10) AB (11) AC (12) AD (13) BCD (14) ABC (15) AC (16) CD (17) ABCD (18) AC (19) ACD (20) BCD (21) AC (22) CD (23) BCD (24) ABCD (25) AB (26) ABC (27) AD (28) D (29) BC (30) AB

3. 判断题

(1) × (2) × (3) × (4) × (5) √ (6) × (7) × (8) √ (9) √ (10) √ (11) √ (12) √ (13) × (14) √ (15) √ (16) √ (17) √ (18) × (19) √ (20) √ (21) √ (22) × (23) √ (24) × (25) × (26) × (27) √ (28) √ (29) √ (30) √ (31) √ (32) √ (33) √ (34) × (35) √ (36) √ (37) √ (38) √ (39) √ (40) √ (41) × (42) × (43) × (44) × (45) × (46) × (47) √ (48) × (49) √ (50) √ (51) × (52) √ (53) √ (54) × (55) √ (56) √ (57) × (58) √ (59) √ (60) √ (61) √ (62) × (63) √ (64) √ (65) × (66) × (67) √ (68) × (69) √ (70) √ (71) √ (72) √ (73) √ (74) √ (75) √

(76) √   (77) √   (78) √   (79) √   (80) √

习题 2.2

1. 单选题

(1) C   (2) D   (3) D   (4) D   (5) C   (6) C   (7) A   (8) C   (9) A   (10) C   (11) D   (12) D   (13) A   (14) D   (15) B   (16) A   (17) B   (18) B   (19) C   (20) D   (21) C   (22) C   (23) D   (24) A   (25) A   (26) AD   (27) B   (28) B   (29) D   (30) A   (31) B   (32) B   (33) C   (34) D   (35) A   (36) AC   (37) C   (38) A   (39) D   (40) D   (41) B   (42) A   (43) A   (44) C   (45) D   (46) D   (47) D   (48) B   (49) D   (50) D   (51) A   (52) A   (53) D   (54) C   (55) D   (56) C   (57) C   (58) D   (59) A   (60) D   (61) B   (62) D   (63) A   (64) C   (65) B   (66) D   (67) C   (68) C   (69) D   (70) B   (71) D   (72) B   (73) D   (74) D   (75) B   (76) A   (77) B   (78) B   (79) D   (80) C

2. 多选题

(1) BD   (2) ABD   (3) BC   (4) AC   (5) ABD   (6) BD   (7) ABC   (8) AD   (9) AC   (10) BC   (11) AB   (12) AB   (13) ABC   (14) ACD   (15) AB   (16) BCD   (17) ABCD   (18) BC   (19) BC   (20) AD   (21) BC   (22) ABC   (23) BC   (24) ABCD   (25) BCD   (26) BD   (27) ABD   (28) ACD   (29) ABCD   (30) ACD

3. 判断题

(1) ×   (2) ×   (3) ×   (4) ×   (5) ×   (6) ×   (7) ×   (8) √   (9) √   (10) ×   (11) √   (12) √   (13) √   (14) √   (15) ×   (16) √   (17) √   (18) √   (19) √   (20) √   (21) √   (22) √   (23) √   (24) √   (25) √   (26) √   (27) √   (28) √   (29) √   (30) √   (31) ×   (32) √   (33) √   (34) √   (35) √   (36) √   (37) √   (38) √   (39) √   (40) √   (41) √   (42) ×   (43) √   (44) √   (45) √   (46) √   (47) ×   (48) √   (49) √   (50) √   (51) √   (52) √   (53) √   (54) √   (55) ×   (56) √   (57) √   (58) √   (59) √   (60) √   (61) ×   (62) ×   (63) ×   (64) ×   (65) ×   (66) ×   (67) ×   (68) √   (69) ×   (70) ×   (71) √   (72) √   (73) √   (74) ×   (75) √   (76) ×   (77) ×   (78) √   (79) ×   (80) ×

习题 2.3

1. 单选题

(1) A (2) D (3) D (4) A (5) A (6) D (7) D (8) B (9) B
(10) B (11) C (12) D (13) D (14) C (15) C (16) C (17) C (18) B
(19) A (20) C (21) B (22) C (23) D (24) D (25) D (26) D
(27) A (28) B (29) B (30) C (31) C (32) C (33) A (34) A (35) B
(36) D (37) D (38) D (39) B (40) D (41) B (42) C (43) D
(44) D (45) A (46) B (47) C (48) C (49) A (50) B (51) B (52) C
(53) C (54) B (55) B (56) A (57) D (58) C (59) A (60) D
(61) A (62) B (63) A (64) A (65) D (66) B (67) C (68) C (69) B
(70) D (71) C (72) C (73) B (74) D (75) B (76) B (77) D
(78) A (79) B (80) C

2. 多选题

(1) AB (2) ABCD (3) AD (4) BD (5) ABCD (6) BCD (7) ABC
(8) ABCD (9) BC (10) AD (11) ABD (12) ABD (13) BCD (14) ABCD
(15) BCD (16) ABD (17) ABCD (18) BD (19) AC (20) AC (21) ACD
(22) BCD (23) BD (24) ACD (25) ABD (26) BCD (27) AC (28) AC
(29) ABCD (30) ACD

3. 判断题

(1) √ (2) √ (3) √ (4) × (5) √ (6) √ (7) × (8) √ (9) ×
(10) √ (11) √ (12) √ (13) √ (14) √ (15) √ (16) √ (17) ×
(18) √ (19) √ (20) √ (21) × (22) √ (23) √ (24) √ (25) ×
(26) √ (27) √ (28) × (29) √ (30) √ (31) √ (32) × (33) √
(34) √ (35) √ (36) √ (37) √ (38) √ (39) × (40) √ (41) √
(42) √ (43) √ (44) √ (45) √ (46) √ (47) √ (48) √ (49) √
(50) √ (51) √ (52) √ (53) √ (54) √ (55) √ (56) √ (57) √
(58) √ (59) √ (60) √ (61) √ (62) √ (63) √ (64) × (65) √
(66) √ (67) × (68) √ (69) √ (70) √ (71) √ (72) √ (73) ×
(74) × (75) √ (76) √ (77) × (78) × (79) √ (80) √

项目 2.4

1. 单选题

(1) B (2) C (3) D (4) C (5) A (6) A (7) A (8) C (9) D (10) A (11) B (12) D (13) D (14) D (15) D (16) B (17) A (18) B (19) B (20) A (21) C (22) A (23) C (24) B (25) D (26) B (27) B (28) B (29) C (30) A (31) B (32) A (33) D (34) A (35) C (36) B (37) B (38) B (39) B (40) D (41) A (42) B (43) C (44) B (45) C (46) A (47) A (48) B (49) A (50) A (51) D (52) A (53) B (54) B (55) B (56) D (57) A (58) D (59) B (60) B (61) A (62) A (63) A (64) C (65) A (66) C (67) B (68) C (69) A (70) A (71) D (72) C (73) D (74) C (75) B (76) B (77) B (78) C (79) A (80) C

2. 多选题

(1) AB (2) ABCD (3) ACD (4) ABCD (5) BD (6) ACD (7) ABD (8) ABC (9) ACD (10) ACD (11) AD (12) ACD (13) AC (14) CD (15) ACD (16) AC (17) ABD (18) ABC (19) BD (20) BD (21) AB (22) ACD (23) ACD (24) ABC (25) AB (26) ACD (27) CD (28) AD (29) ABCD (30) BCD

3. 判断题

(1) √ (2) × (3) √ (4) × (5) × (6) √ (7) √ (8) √ (9) √ (10) × (11) × (12) √ (13) × (14) √ (15) √ (16) × (17) √ (18) √ (19) √ (20) × (21) √ (22) × (23) × (24) × (25) × (26) × (27) × (28) √ (29) √ (30) √ (31) √ (32) √ (33) √ (34) × (35) × (36) √ (37) √ (38) √ (39) × (40) √ (41) × (42) × (43) √ (44) √ (45) √ (46) √ (47) × (48) × (49) × (50) × (51) √ (52) √ (53) √ (54) × (55) √ (56) √ (57) × (58) √ (59) × (60) × (61) √ (62) × (63) × (64) √ (65) √ (66) √ (67) × (68) × (69) √ (70) √ (71) √ (72) × (73) × (74) × (75) × (76) × (77) × (78) × (79) × (80) √

习题 2.5

1. 单选题

(1) C (2) B (3) A (4) C (5) A (6) D (7) A (8) D (9) B (10) C (11) A (12) A (13) B (14) B (15) A (16) D (17) D (18) D (19) B (20) C (21) B (22) A (23) B (24) D (25) B (26) D (27) D (28) A (29) A (30) A (31) B (32) C (33) B (34) D (35) B (36) B (37) B (38) B (39) A (40) C (41) B (42) A (43) C (44) B (45) A (46) AC (47) A (48) A (49) D (50) D (51) B (52) B (53) D (54) D (55) B (56) A (57) B (58) B (59) C (60) B (61) B (62) A (63) A (64) A (65) D (66) B (67) C (68) A (69) D (70) C (71) D (72) A (73) D (74) D (75) B (76) C (77) A (78) B (79) C (80) B

2. 多选题

(1) BCD (2) AD (3) CD (4) BC (5) AC (6) ACD (7) ACD (8) AD (9) AB (10) BCD (11) AD (12) ABC (13) ABC (14) ABCD (15) ABC (16) ABD (17) BCD (18) ABC (19) AD (20) AC (21) AB (22) ABCD (23) AC (24) BC (25) BD (26) ABD (27) BCD (28) ACD (29) AB (30) BD

3. 判断题

(1) × (2) √ (3) × (4) × (5) √ (6) √ (7) √ (8) × (9) × (10) √ (11) √ (12) √ (13) √ (14) × (15) × (16) × (17) √ (18) × (19) × (20) √ (21) × (22) √ (23) × (24) √ (25) √ (26) × (27) √ (28) × (29) √ (30) √ (31) √ (32) × (33) √ (34) √ (35) × (36) × (37) √ (38) √ (39) √ (40) √ (41) √ (42) √ (43) × (44) √ (45) √ (46) √ (47) √ (48) √ (49) √ (50) √ (51) × (52) √ (53) √ (54) √ (55) √ (56) × (57) √ (58) × (59) √ (60) √ (61) × (62) × (63) √ (64) √ (65) √ (66) √ (67) √ (68) × (69) √ (70) √ (71) √ (72) × (73) × (74) × (75) × (76) × (77) √ (78) √ (79) × (80) ×

习题 2.6

1. 单选题

(1) B (2) D (3) D (4) A (5) D (6) D (7) A (8) D (9) C (10) A (11) B (12) A (13) C (14) D (15) D (16) C (17) D (18) B (19) C (20) A (21) A (22) B (23) B (24) D (25) D (26) C (27) D (28) C (29) B (30) A (31) C (32) C (33) A (34) A (35) B (36) C (37) A (38) B (39) C (40) C (41) D (42) D (43) C (44) C (45) A (46) C (47) B (48) A (49) C (50) C (51) B (52) D (53) A (54) B (55) A (56) C (57) C (58) C (59) A (60) B (61) A (62) B (63) D (64) A (65) B (66) B (67) B (68) A (69) A (70) B (71) D (72) A (73) B (74) B (75) C (76) B (77) C (78) B (79) B (80) D

2. 多选题

(1) ABC (2) AD (3) C (4) BC (5) BCD (6) ACD (7) ABC (8) ACD (9) ACD (10) ABC (11) BC (12) BCD (13) ABC (14) ABD (15) ABD (16) BC (17) CD (18) ABC (19) ABC (20) ABC (21) ABC (22) BD (23) ABC (24) ABCD (25) AB (26) AB (27) AB (28) AB (29) AB (30) BC

3. 判断题

(1) × (2) × (3) √ (4) √ (5) × (6) × (7) × (8) √ (9) × (10) √ (11) √ (12) √ (13) × (14) √ (15) √ (16) × (17) √ (18) √ (19) × (20) √ (21) √ (22) √ (23) × (24) √ (25) × (26) × (27) √ (28) × (29) × (30) √ (31) √ (32) √ (33) √ (34) × (35) √ (36) × (37) √ (38) √ (39) √ (40) √ (41) × (42) × (43) × (44) √ (45) √ (46) √ (47) √ (48) √ (49) √ (50) √ (51) √ (52) × (53) × (54) √ (55) × (56) × (57) √ (58) √ (59) √ (60) × (61) √ (62) √ (63) √ (64) √ (65) × (66) × (67) √ (68) √ (69) × (70) √ (71) × (72) × (73) √ (74) × (75) × (76) × (77) × (78) √ (79) × (80) ×

2016 年一级 MS Office 真考试题（1）

1. 选择题

（1）B 【解析】软件系统主要包括系统软件和应用软件。办公自动化软件、管理信息系统、指挥信息系统都是属于应用软件，Windows XP 属于系统软件，因此答案选择 B 选项。

（2）D 【解析】6DH 为 16 进制（在进制运算中，B 代表的是二进制数，D 表示的是十进制数，O 表示的是八进制数，H 表示的是十六进制数）。m 的 ASCII 码值为 6DH，用十进制表示即为 6×16+13=109（D 在 10 进制中为 13）。字母 a~z 的 ASCII 码是 91~122，16 进制为 61H~7AH，q 的 ASCII 码值在 m 的后面 4 位，即是 113，对应转换为 16 进制，即为 71H，因此答案选择 D 选项。

（3）A 【解析】选项 A，指挥、协调计算机各部件工作是控制器的功能；选项 B，进行算术运算与逻辑运算是运算器的功能；选项 C 存储数据和程度是存储器的功能；选项 D，控制数据的输入和输出是输入/输出设备的功能。因此答案选择 A 选项。

（4）D 【解析】微型计算机的主要技术性能指标包括字长、时钟主频、运算速度、存储容量、存取周期等。因此答案选择 D 选项。

（5）C 【解析】对照 7 位 ASCII 码表，可直接看出控制符码值<大写字母码值<小写字母码值。因此 a>A>空格，答案选择 C 选项。

（6）A 【解析】在计算机内部，指令和数据都是用二进制 0 和 1 来表示的，因此，计算机系统中信息存储、处理也都是以二进制为基础的。声音与视频信息在计算机系统中只是数据的一种表现形式，也是以二进制来表示的，因此答案选择 A 选项。

（7）B 【解析】系统软件主要包括操作系统、语言处理系统、系统性能检测和实用工具软件等，其中最核心的是操作系统。因此答案选择 B 选项。

（8）C 【解析】计算机病毒是指编制或者在计算机程序中插入的破坏计算机功能或者数据，影响计算机使用并且能够自我复制的一组计算机指令或者程序代码。选项 A，计算机病毒不是生物病毒；选项 B，计算机病毒不能永久性破坏硬件。因此答案选择 C 选项。

（9）C 【解析】CPU 只能直接访问存储在内存中的数据。因此答案选择 C 选项。

（10）B 【解析】WPS Office 2010 是应用软件。因此答案选择 B 选项。

（11）C 【解析】在一台计算机上申请的电子信箱，不一定要通过这台计算机收信，通过其他的计算机也可以收信。因此答案选择 C 选项。

（12）C 【解析】RAM 有两个特点：一个是可读/写性；另一个是易失性，即断开电源时，RAM 中存储的内容立即消失且无法恢复。因此答案选择 C 选项。

（13）C 【解析】为了便于管理、方便书写和记忆，每个 IP 地址分为 4 段，段与段之间用小数点隔开，每段再用一个十进制整数表示，每个十进制整数的取值范围是0~255。因此答案选择C选项。

(14) B 【解析】Internet可以说是美苏冷战的产物。美国国防部为了保证美国本土防卫力量设计出一种分散的指挥系统：它由一个个分散的指挥点组成，当部分指挥点被摧毁后，其他点仍能正常工作。为了对这一构思进行验证，1969年，美国国防部国防高级研究计划署（DOD/DARPA）资助建立了一个名为ARPANET的网络，通过专门的通信交换机（IMP）和专门的通信线路相互连接。阿帕网是Internet最早的雏形。因此答案选择B选项。

(15) A 【解析】数码相机像素=能拍摄的最大照片的长边像素×宽边像素值，4个选项中，拍摄出来的照片分辨率计算后只有A选项大约在800万像素左右，可直接排除B、C、D选项。因此答案选择A选项。

(16) C 【解析】CPU是计算机的核心部件。因此答案选择C选项。

(17) A 【解析】1 KB = 2^{10} Byte = 1024Byte。因此答案选择A选项。

(18) B 【解析】DVD是外接设备，ROM是只读存储。故合起来就是只读外部存储器。因此答案选择B选项。

(19) C 【解析】移动硬盘或u盘连接计算机所使用的接口通常是USB，因此答案选择C选项。

(20) C 【解析】显示器、绘图仪、打印机均属于输出设备，可直接排除A、B、D选项。因此答案选择C选项。

2. 基本操作题

(1) 删除文件。
①打开考生文件夹下的MICRO文件夹，选定SAK.PAS文件；
②按<Delete>键，弹出确认对话框；
③单击"是"按钮，将文件删除到回收站。

(2) 新建文件夹。
①打开考生文件夹下的POP \ PUT文件夹；
②执行"文件"｜"新建"｜"文件夹"命令，或单击鼠标右键，弹出快捷菜单，执行"新建"｜"文件夹"命令，即可生成新的文件夹，此时文件夹的名字处呈现蓝色可编辑状态，编辑名称为题目指定的名称HUM。

(3) 复制文件。
①打开考生文件夹下的COON \ FEW文件夹，选定RAD.FOR文件；
②执行"编辑"｜"复制"命令，或按快捷键"Ctrl+C"；
③打开考生文件夹下ZUM文件夹；
④执行"编辑"｜"粘贴"命令，或按快捷键"Ctrl+V"。

(4) 设置文件属性。
①打开考生文件夹下的uME文件夹，选定MACRO.NEW文件；
②执行"文件"｜"属性"命令，或单击鼠标右键，弹出快捷菜单，执行"属性"命

令,即可打开"属性"对话框;

③在"属性"对话框中选择"隐藏"属性和"只读"属性,单击"确定"按钮。

(5) 移动文件和文件命名。

①打开考生文件夹下的 MEP 文件夹,选定 PGUP.FIP 文件;

②执行"编辑"|"剪切"命令,或按快捷键"Ctrl+X";

③打开考生文件夹下的 QEEN 文件夹;

④选择"编辑"|"粘贴"命令,或按快捷键"Ctrl+V";

⑤选定移动来的文件;

⑥按"F2"键,此时文件的名字处呈现蓝色可编辑状态,编辑名称为题目指定的名称 NEPA.JEP。

3. 字处理题

(1) ①【解题步骤】

步骤Ⅰ:通过"答题"菜单打开 Word1.DOCX 文件,按题目要求设置标题段字体。选中标题段文本,在"开始"功能区的"字体"组中,单击右侧的下三角对话框启动器按钮,弹出"字体"对话框,单击"字体"选项卡,在"中文字体"中选择"宋体",在"字号"中选择"小三",在"字体颜色"中选择"蓝色",在"字形"中选择"加粗",单击"确定"按钮返回到编辑界面中。

步骤Ⅱ:按题目要求设置标题段对齐属性。选中标题段文本,在【开始】功能区的【段落】组中,单击"居中"按钮。

②【解题步骤】

步骤Ⅰ:按题目要求设置段落属性和段后间距。选中正文所有文本("星星连珠"时,……可以忽略不计。),在"开始"功能区的"段落"组中,单击右侧的下三角对话框启动器按钮,弹出"段落"对话框,单击"缩进和间距"选项卡,在"缩进"中的"左侧"中输入"0.5字符",在"右侧"中输入"0.5字符",在"段后"中输入"0.5行",单击"确定"按钮返回到编辑界面中。

步骤Ⅱ:按题目要求为段落设置分栏。选中正文第1段文本("星星连珠"时,……特别影响。),在"页面布局"功能区的"页面设置"组中,单击"分栏"下三角按钮,在弹出的下拉列表,选择"更多分栏"选项,弹出"分栏"对话框,选择"预设"中的"两栏"选项,在"间距"中输入"0.19字符",勾选"栏宽相等",勾选"分隔线",单击"确定"按钮返回到编辑界面中。

③【解题步骤】

步骤Ⅰ:按题目要求设置方框。单击"页面布局"功能区的"页面背景"组中的"页面边框"按钮,弹出"边框和底纹"对话框,选择"页面边框"选项卡,选择"方框",在"颜色"列表框中选择"红色",在"宽度"列表框中选择"1.0磅",单击"确定"按钮。

步骤Ⅱ:保存文件。

(2) ①【解题步骤】

步骤Ⅰ：通过"答题"菜单打开 Word2.DOCX 文件，按题目要求在表格最右边增加一列。单击表格的末尾处，在"表格工具"｜"布局"功能区的"行和列"组中，单击"在右侧插入"按钮，即可在表格右方增加一空白列，在最后1列的第1行输入"实发工资"。

步骤Ⅱ：按题目要求利用公式计算表格实发工资列内容。单击表格最后一列的第2行，在"表格工具"｜"布局"功能区的"数据"组中，单击"fx 公式"按钮。弹出"公式"对话框，在"公式"中输入"=suM（LEFT）"，单击"确定"按钮返回到编辑界面。

注：SUM（LEFT）中的 LEFT 表示对左方的数据进行求和计算，按此步骤反复进行，直到完成所有行的计算。

② 【解题步骤】

步骤Ⅰ：按照题目要求设置表格对齐属性。选中表格，在"开始"功能区的"段落"组中，单击"居中"按钮。

步骤Ⅱ：按照题目要求设置表格列宽和行高。选中表格，在"表格工具"｜"布局"功能区的"单元格大小"组中，单击右侧的下三角对话框启动器按钮，打开"表格属性"对话框，单击"列"选项卡，勾选"指定宽度"，设置其值为"2厘米"。在"行"选项卡中勾选"指定高度"，设置其值为"0.6厘米"，在"行高值是"中选择"固定值"，单击"确定"按钮返回到编辑界面中。

步骤Ⅲ：按题目要求设置表格内容对齐方式。选中表格，在"表格工具"｜"布局"功能区的"对齐方式"组中单击"水平居中"按钮。

步骤Ⅳ：按题目要求设置表格外框线和内框线属性。单击表格，在"表格工具"｜"设计"功能区的"绘图边框"组中，单击右侧的下三角对话框启动器按钮，弹出"边框和底纹"对话框，单击"边框"选项卡，选择"全部"，在"样式"中选择"单实线"，在"颜色"中选择红色，在"宽度"中选择"1.0磅"，单击"确定"按钮。

步骤Ⅴ：保存文件。

4. 电子表格题

(1) ① 【解题步骤】

步骤Ⅰ：通过"答题"菜单打开 Excel.XLSX 文件，按题目要求合并单元格并使内容居中。选中 Sheet1 工作表的 A1：G1 单元格区域，在"开始"功能区的"对齐方式"组中，单击"合并后居中"下三角按钮，在弹出的下拉列表中选择"合并后居中"选项。

步骤Ⅱ：按题目要求计算"浮动额"列的内容。选中 E3 单元格，在 E3 单元格中输入"=C3*D3"后按"Enter"键，将鼠标指针移动到该单元格右下角的填充柄上，当鼠标变为黑十字"+"时，按住鼠标左键，拖动单元格填充柄到要填充的单元格中。

步骤Ⅲ：按题目要求计算"浮动后工资"列的内容。选中 F3 单元格，在 F3 单元格中输入"=E3+C3"后按"Enter"键，将鼠标指针移动到该单元格右下角的填充柄上，当鼠标变为黑十字"+"时，按住鼠标左键，拖动单元格填充柄到要填充的单元格中。

步骤Ⅳ：按题目要求计算"备注"列的内容。选中 G3 单元格，在 G3 单元格中输入"=IF（E3>800，"激励"，"努力"）"后按"Enter"键，将鼠标指针移动到该单元格右下角的填充柄上，当鼠标指针变为黑十字"+"时，按住鼠标左键，拖动单元格填充柄到要填充的单元格中。

步骤Ⅴ：按题目要求设置单元格样式。选中"备注"列的单元格，单击"开始"功能区"样式"组中的"单元格样式"按钮，在弹出的下拉列表中选择"40%-强调文字颜色2"。

②【解题步骤】

步骤Ⅰ：按题目要求插入图表。选中"职工号""原来工资"和"浮动后工资"列的所有内容，在"插入"功能区的"图表"组中单击"面积图"按钮，在弹出的下拉列表中选择"堆积面积图"。

步骤Ⅱ：按题目要求设置图例。选中生成的图表，在"图表工具"｜"设计"功能区的"图表样式"组中选择"样式28"；在"图表工具"｜"布局"功能区的"标题"组中单击"图例"按钮，在弹出的下拉列表中选择"其他图例选项"，弹出"设置图例格式"对话框，在"图例选项"中选择"图例位置"下的"底部"单选按钮，在单击"关闭"按钮。在"图表工具"｜"布局"功能区的"标题"组中单击"图表标题"按钮，在弹出的下拉列表中选择"图表上方"，输入图表标题为"工资对比图"。

步骤Ⅲ：按题目要求调整图表的大小并移动到指定位置。选中图表，按住鼠标左键单击图表不放并拖动图表，使图表的左上角在A14单元格内，调整图表区大小，使其在A14：G33单元格区域内。

注：不要超过A14：G33单元格区域。如果图表过大，无法放下，可以将鼠标指针放在图表的右下角，当鼠标指针变为双向箭头时，按住左键拖动可以将图表缩小到指定大小。

步骤Ⅳ：按题目要求输入工作表名。双击Sheet1工作表，重命名为"工资对比表"。

步骤Ⅴ：保存Excel. XLSX文件。

(2)【解题步骤】

步骤Ⅰ：通过"答题"菜单打开EXC. XLSX文件，按题目要求插入表格。在有数据的区域内单击任一单元格，在"插入"功能区的"表格"组中单击"数据透视表"下三角按钮，在弹出的下拉列表中选择"数据透视表"项，弹出"创建数据透视表"对话框，在"选择放置数据透视表的位置"下选中"现有工作表"单选按钮，在"位置"文本框中输入"J6：N20"，单击"确定"按钮。

步骤Ⅱ：按题目要求设置表格内容。在"数据透视字段列表"任务窗格中单击鼠标左键，拖动"分公司"到行标签，拖动"产品名称"到列标签，拖动"销售额（万元）"到数值。

步骤Ⅲ：完成数据透视表的建立。保存工作簿EXC. XLSX。

5. 演示文稿题

(1)【解题步骤】

步骤Ⅰ：通过"答题"菜单打开演示文稿yswg. pptx，在幻灯片的标题区中输入"中国的DXF100地效飞机"，选中文字"中国的DXF100地效飞机"，在"开始"功能区的"字体"组中单击右侧的下三角对话框启动器，弹出"字体"对话框。单击"字体"选项卡，在"中文字体"中选择"黑体"，在"大小"中选择"54"，在"字体样式"中选择"加粗"，在"字体颜色"中选择"其他颜色",弹出"颜色"对话框,单击"自定义"选项卡,在"红色"中输入"255",在"绿色"中输入"0",在"蓝色"中输入"0",单击"确定"按钮后,再单击"确定"按钮。

步骤Ⅱ:按题目要求新建幻灯片并添加标题和内容。在"开始"功能区单击"幻灯片"组中的"新建幻灯片"下三角按钮。在弹出的下拉列表中选择"标题和内容",作为第2张幻灯片。输入标题内容为"DXF100主要技术参数",文本内容为"可载乘客15人,装有两台300马力航空发动机。"。

步骤Ⅲ:按题目要求设置图片进入动画。选中第1张幻灯片中的飞机图片,在"动画"功能区的"动画"组中单击"其他"下三角按钮,在展开的效果样式库中选择"飞入"。在"动画"组中,单击"效果选项"按钮,选中"自右侧"。

步骤Ⅳ:按题目要求新建幻灯片并插入艺术字。在普通视图下,单击第1张和第2张幻灯片之间,在"开始"功能区的"幻灯片"组中,单击"新建幻灯片"下三角按钮,在弹出的下拉列表中选择"空白"。单击"插入"功能区"文本"组中的"艺术字"按钮,在弹出的下拉列表框中选择样式为"填充—蓝色,强调文字颜色2,粗糙棱台",在文本框中输入"DXF100地效飞机"。

步骤Ⅴ:按题目要求设置艺术字的位置。选中艺术字文本框,单击鼠标右键,在弹出的快捷菜单中选择"大小和位置",弹出"设置形状格式"对话框,设置位置为"水平:5.3厘米,自:左上角,垂直:8.2厘米,自:左上角",单击"关闭"按钮。

步骤Ⅵ:按题目要求设置艺术字文本效果。单击"图片工具"|"格式"功能区"艺术字样式"组中的"文本效果"按钮,在弹出的下拉列表中选择"转换",再选择"弯曲"下的"倒V形"。

(2)【解题步骤】

步骤Ⅰ:按题目要求设置幻灯片背景格式。选中第2张幻灯片,单击鼠标右键,在弹出的快捷菜单中选择"设置背景格式",弹出"设置背景格式"对话框,在"填充"选项卡下选中"渐变填充"单选按钮,单击"预设颜色"按钮,在弹出的下拉列表框中选择"雨后初晴","类型"为"射线",单击"关闭"按钮。

步骤Ⅱ:按题目要求移动幻灯片的位置。在普通视图下,按住鼠标左键,拖曳第2张幻灯片到第1张幻灯片前。

步骤Ⅲ:按题目要求为全部幻灯片设置切换方案。选中第1张幻灯片,在"切换"功能区的"切换到此幻灯片"分组中,单击"其他"下三角按钮,在弹出的下拉列表中选择"华丽型"下的"时钟",单击"效果选项"按钮,选择"逆时针",再单击"计时"组中的"全部应用"按钮。

步骤Ⅳ:按题目要求设置幻灯片放映类型。在"幻灯片放映"功能区的"设置"组中单击"设置幻灯片放映"按钮,弹出"设置放映方式"对话框,在"放映类型"选项下选中"观众自行浏览(窗口)"单选按钮,再单击"确定"按钮。

步骤Ⅴ:保存演示文稿。

六、上网题

(1) 在"答题"菜单中选择"启动 Outlook 2010"、命令,打开 Outlook 2010。

(2) 单击"发送/接收所有文件夹"按钮,接收完邮件之后,会在"收件箱"右侧邮件列表窗格中有一封邮件,单击此邮件,在右侧窗格中可显示邮件的具体内容。

(3) 在邮件列表窗格中单击收到的邮件,在右侧邮件内容窗格中右击附件名,弹出快捷菜单,执行"另存为"命令,弹出"保存附件"对话框,在"文档库"窗格中打开考生文件夹,在"文件名"编辑框中输入"附件.zip",单击"保存"按钮完成操作。

2016 年一级 MS Office 真考试题(2)

1. 选择题

(1) A 【解析】字长是指计算机运算部件一次能同时处理的二进制数据的位数。因此答案选择 A 选项。

(2) C 【解析】无符号二进制数的第 1 位可为 0,所以当全为 0 时,最小值为 0,当全为 1 时,最大值为 $2^7-1=127$。因此答案选择 C 选项。

(3) C 【解析】现代计算机中的存储数据通常以字节为存储单位,实际使用中,常用 KB、MB、GB 和 TB 作为数据的存储单位。MIPS 是每秒处理百万级的机器语言指令数,不能作为存储单位。因此答案选择 C 选项。

(4) B 【解析】$64=2^6$,所以 64 的二进制为 1000000。因此答案选择 B 选项。

(5) C 【解析】Windows 7 是操作系统,属于系统软件。航天信息系统、Office 2003、决策支持系统都是应用软件,因此答案选择 C 选项。

(6) C 【解析】汉字国标码,创建于 1980 年,是为了使每个汉字都有一个全国统一的代码而颁布的汉字编码的国家标准。汉字国标码将收录的汉字分成两级:第一级是常用汉字计 3755 个,置于 16~55 区,按汉语拼音字母/笔形顺序排列;第二级汉字是次常用汉字计 3008 个,置于 56~87 区,按部首/笔画顺序排列。因此答案选择 C 选项。

(7) D 【解析】一个完整的计算机系统应该包括硬件系统和软件系统两部分。因此答案选择 D 选项。

(8) C 【解析】CPU 是计算机的核心部件。因此答案选择 C 选项。

(9) A 【解析】ASCII 码编码顺序从小到大为:空格、数字、大写字母、小写字母。因此答案选择 A 选项。

(10) B 【解析】CD-RW 是可擦除型光盘,用户可以多次对其进行读/写;CD-RW 的全称是 CD-ReWritable。因此答案选择 B 选项。

(11) A 【解析】主机包括 CPU、主板及内存,硬盘属于外存。因此答案选择 A 选项。

(12) A 【解析】高级程序语言结构丰富，可读性好，可维护性强，可靠性高，易学易掌握，写出来的程序可移植性好，重用率高，与机器结构没有太强的依赖性，同时高级语言程序不能直接被计算机识别和执行，必须由翻译程序把它翻译成机器语言后才能被执行。因此答案选择 A 选项。

(13) C 【解析】编译程序也叫编译系统，是把用高级语言编写的面向过程的源程序翻译成目标程序的语言处理程序。因此答案选择 C 选项。

(14) A 【解析】电子邮箱地址的组成部分是：用户名@域名．后缀。因此答案选择 A 选项。

(15) D 【解析】计算机采用的电子器件为：第一代是电子管，第二代是晶体管，第三代是中、小规模集成电路，第四代是大规模和超大规模集成电路。现代微型计算机属于第四代计算机。因此答案选择 D 选项。

(16) D 【解析】国际通用的 ASCII 码为 7 位，最高位不总为 0，大写字母的 ASCII 码值小于小写字母的 ASCII 码值，ASCII 码和内码不同。因此答案选择 D 选项。

(17) B 【解析】计算机由运算器、控制器、存储器、输入设备和输出设备 5 大基本部件组成。运算器、控制器和存储器又统称为主机。因此答案选择 B 选项。

(18) D 【解析】计算机指令中操作码规定所执行的操作，操作数规定参与所执行操作的数据。因此答案选择 D 选项。

(19) B 【解析】计算机病毒主要通过移动存储介质（如 U 盘、移动硬盘）和计算机网络两大途径进行传播。因此答案选择 B 选项。

(20) D 【解析】计算机以拨号接入 Internet 时是用的电话线，但它只能传输模拟信号，如果要传输数字信号必须用调制解调器（Modem）把它转化为模拟信号。因此答案选择 D 选项。

2. 基本操作题

(1) 新建文件夹。

①打开考生文件夹下的 CCTVA 文件夹；

②执行"文件"｜"新建"｜"文件夹"命令，或单击鼠标右键，弹出快捷菜单，执行"新建"｜"文件夹"命令，即可生成新的文件夹，此时文件夹的名字处呈现蓝色可编辑状态，编辑名称为题目指定的名称 LEDER。

(2) 文件命名。

①打开考生文件夹下的 HIGER \ YION 文件夹，选定 ARIP. BAT 文件；

②按"F2"键，此时文件的名字处呈现蓝色可编辑状态，编辑名称为题目指定的名称 FAN. BAT。

(3) 设置文件属性。

①打开考生文件夹下的 GOREST \ TREE 文件夹，选定 LEAF. MAP 文件；

②选择"文件"｜"属性"命令，或单击鼠标右键，弹出快捷菜单，执行"属性"命令，即可打开"属性"对话框；

③在"属性"对话框中选择"只读"属性,单击"确定"按钮。

(4) 复制文件。
①打开考生文件夹下的 BOP \ YIN 文件夹,选定 FILE. WRI 文件;
②执行"编辑"丨"复制"命令,或按快捷键<Ctrl+C>;
③打开考生文件夹下的 Sheet 文件夹;
④执行"编辑"丨"粘贴"命令,或按快捷键<Ctrl+V>。

(5) 删除文件夹。
①打开考生文件夹下的 XEN \ FISHER 文件夹,选定 EAT-A 文件夹;
②按"Delete"键,弹出确认对话框;
③单击"是"按钮,将文件夹删除到回收站。

3. 字处理题

(1) ①【解题步骤】
步骤Ⅰ:通过"答题"菜单打开 Word1. DOCX 文件,按题目要求替换文字。选中全部文本包括标题段,在"开始"功能区的"编辑"组中,单击"替换"按钮,弹出"查找和替换"对话框。在"查找内容"文本框中输入"电脑",在"替换为"文本框中输入"计算机",单击"全部替换"按钮,会弹出提示对话框,在该对话框中直接单击"确定"按钮即可完成对错词的替换。

步骤Ⅱ:按题目要求设置标题段字体。选中标题段,在"开始"功能区的"字体"组中,单击右下角的对话框启动器按钮,弹出"字体"对话框,在"字体"选项卡中,设置"中文字体"为"黑体",设置"字形"为"加粗",设置"字号"为"二号",设置"字体颜色"为"蓝色",单击"确定"按钮。

步骤Ⅲ:在"开始"功能区的"字体"组中单击"文本效果"下拉按钮,在弹出的下拉列表中,从"阴影"中选择一种,此处我们选择"右下斜偏移"。

步骤Ⅳ:按题目要求设置标题段对齐属性。选中标题段,在"开始"功能区的"段落"分组中,单击"居中"按钮。

②【解题步骤】
步骤1:按题目要求移动文本。选中正文第 2 段文字("交互性是……进行控制。"),选择"编辑"丨"剪切"命令,或者按快捷键<Ctrl+X>,将鼠标移动到第 3 段的段尾处,按"Enter"键,选择"编辑"丨"粘贴"命令,或者按快捷键<Ctrl+V>。

步骤Ⅱ:按题目要求设置正文字体。选中正文各段("多媒体计算机……模拟信号方式。"),在"开始"功能区的"字体"组中,单击右侧的下三角对话框启动器按钮,弹出"字体"对话框,在"字体"选项卡中,设置"中文字体"为"宋体",设置"字号"为"小四",单击"确定"按钮。

步骤Ⅲ:按题目要求设置段落属性和段前间距。选中正文各段("多媒体计算机……模拟信号方式。"),在"开始"功能区的"段落"组中单击右侧的下三角对话框启动器按钮,弹出"段落"对话框。单击"缩进和间距"选项卡,在"缩进"中设置"左侧"为"1 字符",设置"右侧"为"1字符",在"段前间距"中输入"0.5行",单击"确定"按钮。

③【解题步骤】

步骤Ⅰ:按题目要求设置首字下沉。选中正文第1段("多媒体计算机……和数字。"),在"插入"功能区的"文本"组中,单击"首字下沉"下拉列表框,选择"首字下沉选项",弹出"首字下沉"对话框,单击"下沉"图标,在"下沉行数"中输入"2",在"距正文"中输入"0.2",单击"确定"按钮。

步骤Ⅱ:按题目要求添加项目符号。选中正文是后3段,在"开始"功能区的"段落"组中,单击"项目符号"下拉列表,选择带有"●"图标的项目符号。

步骤Ⅲ:保存文件。

(2) ①【解题步骤】

步骤Ⅰ:通过"答题"菜单打开Word2.DOCX文件,按题目要求插入表格。在"插入"功能区的"表格"组中单击"表格"下三角按钮,在弹出的下拉列表中选择"插入表格"选项,弹出"插入表格"对话框,在"行数"中输入"3",在"列数"中输入"4",单击"确定"按钮。

步骤Ⅱ:按照题目要求设置表格对齐属性。选中表格,在"开始"功能区的"段落"组中,单击"居中"按钮。

步骤Ⅲ:按照题目要求设置表格列宽和行高。选中表格,在"表格工具"|"布局"功能区的"单元格大小"组中,单击右下角的对话框启动器按钮,弹出"表格属性"对话框,单击"列"选项卡,勾选"指定宽度",设置其值为"2厘米",单击"行"选项卡,勾选"指定高度",设置其值为"0.8厘米",在"行高值是"中选择"固定值",单击"确定"按钮。

步骤Ⅳ:按题目要求拆分单元格。选中第2行第4列单元格,单击鼠标右键,在弹出的快捷菜单中选择"拆分单元格"命令,弹出"拆分单元格"对话框,在"列"中输入"2",单击"确定"按钮。按照同样的操作拆分第3行第4列单元格。

步骤Ⅴ:按题目要求合并单元格。选中表格第3行的第2列和第3列,单击鼠标右键,在弹出的快捷菜单中选择"合并单元格"命令。

②【解题步骤】

步骤Ⅰ:按题目要求插入列选中第1列,在"表格工具"|"布局"功能区的"行和列"组中,单击"在左侧插入"按钮。

步骤Ⅱ:按题目要求设置表格外框线和内框线属性。选中整个表格,在"表格工具"|"设计"功能区的"绘图边框"组中,单击右下角的对话框启动器按钮,弹出"边框和底纹"对话框,单击"边框"选项卡,选择"方框",在"样式"列表框中选择"双窄线",在"颜色"下拉列表框中选择"红色",在"宽度"下拉列表框中选择"1.5磅"。单击"自定义"选项,在"样式"中选择单实线,在"颜色"下拉列表框中选择"蓝色",在"宽度"下拉列表框中选择"1.5磅",在"预览"中单击表格中心位置,添加内部框线,单击"确定"按钮。

步骤Ⅲ：按题目要求设置单元格底纹。选中表格第1行，在"表格工具"|"设计"功能区的"表格样式"组中，单击"底纹"下三角按钮，在弹出的下拉列表中选择填充色为"红色，强调文字颜色2，淡色80%"。

步骤Ⅳ：保存文件。

4. 电子表格题

(1) ①【解题步骤】

步骤Ⅰ：通过"答题"菜单打开Excel.XLSX文件，按题目示合并单元格并使内容居中。选中Sheet1工作表的A1：F1单元格区域，在"开始"功能区的"对齐方式"组中，单击右侧的下三角对话框启动器按钮，弹出"设置单元格格式"对话框，单击"对齐"选项卡，单击"文本对齐方式"下的"水平对齐"下三角按钮，在弹出的下拉列表中选择"居中"，勾选"文本控制"下的"合并单元格"复选框，单击"确定"按钮。

步骤Ⅱ：按题目要求计算"上升案例数"的内容。在E3单元格中输入"=c3*D3"并按<Enter>键，将鼠标指针移动到E3单元格的右下角，按住鼠标左键不放向下拖动到E7单元格，即可计算出其他行的值；选中单元格区域E3：E7，在"开始"功能区的"字体"组中，单击右侧的下三角对话框启动器按钮，弹出"字体"对话框，单击"数字"选项卡，在"分类"下选择"数值"，在"小数位数"微调框中输入"0"，单击"确定"按钮。

注：当鼠标指针放在已插入公式的单元格的右下角时，会变为实心小十字形状，按住鼠标左键拖动其到相应的单元格即可进行数据的自动填充。

步骤Ⅲ：按题目要求计算"备注"列的内容。在F3单元格中输入"=IF（E3>50，"重点关注"，"关注"）"并按<Enter>键，将鼠标指针移动到F3单元格的右下角，按住鼠标左键不放向下拖动到F7单元格即可计算出其他行的值。

步骤Ⅳ：按题目要求设置套用表格格式。选中单元格区域A2：F7，在"开始"功能区的"样式"组中单击"套用表格格式"下三角按钮，在弹出的下拉列表中选择"表样式浅色15"，弹出"套用表格式"对话框，单击"确定"按钮。

②【解题步骤】

步骤Ⅰ：按题目要求插入图表。按住"Ctrl"键同时选中"地区"列（B2：B7）和"上升案例数"列（E2：E7）数据区域的内容，在"插入"功能区的"图表"组中单击"柱形图"下三角按钮，在弹出的下拉列表中选择"三维簇状柱形图"。

步骤Ⅱ：按题目要求设置图例。把图表标题"上升案例数"更改为"上升案例数统计图"；在"图表工具"|"布局"功能区中，单击"标签"组中的"图例"按钮，在弹出的下拉列表中选择"其他图例选项"，弹出"设置图例格式"对话框，在"图例选项"中单击"图例位置"下的"靠上"单选按钮，单击"关闭"按钮。

步骤Ⅲ：按题目要求调整图表大小并移动到指定位置。选中图表，按住鼠标左键单击图表不放并拖动图表，使图片的左上角在A10单元格内，调整图表区大小，使其在A10：F25单元格区域内。

注：不要超过A10：F25单元格区域。如果图表过大，无法放下，可以将鼠标指针放在

图表的右下角，当鼠标指针变为双向箭头时，按住左键拖动可以将图表缩小到指定大小。

步骤Ⅳ：按题目要求设置图表名称。将鼠标指针移动到工作表下方的表名处，双击"Sheet1"并输入"上升案例数统计表"。

步骤Ⅴ：保存Excel.XLSX文件。

(2)【解题步骤】

步骤Ⅰ：通过"答题"菜单打开EXC.XLSX文件，选中第1行，单击鼠标右键，在弹出的快捷菜单中选择"插入"，反复此操作三次即可在数据清单前插入四行。选中单元格区域A5：G5，按"Ctrl+C"键，单击单元格A1，按"Ctrl+V"键；在B2单元格中输入"西部2"，在B3单元格中输入"南部1"，在D2单元格中输入"空调"，在D3单元格中输入"电视"，在F2和F3分别输入">10"。

步骤Ⅱ：按题目要求对表格进行筛选。在"数据"功能区的"排序和筛选"组中单击"高级"按钮，弹出"高级筛选"对话框，在"列表区域"中输入"＄A＄5：＄G＄41"，在"条件区域"中输入"＄B＄1：＄F＄3"，单击"确定"按钮。

步骤Ⅲ：保存EXC.XLSX工作簿。

5. 演示文稿题

(1)【解题步骤】

通过"答题"菜单打开演示文稿yswg.pptx，按题目要求设置幻灯片主题。在"设计"功能区的"主题"组中，单击"其他"下三角按钮，在展开的主题库中选择"穿越"。

(2)【解题步骤"

步骤Ⅰ：按题目要求新建指定版式的幻灯片并添加标题和文本内容。在普通视图下。单击第1张幻灯片上方，单击"开始"功能区的"幻灯片"组中的"新建幻灯片"下三角按钮，在弹出的下拉列表中选择"标题和内容"；在标题中输入"公共交通工具逃生指南"；单击文本内容区的"插入表格"按钮，弹出"插入表格"对话框，在"列数"微调框中输入"2"，在"行数"微调框中输入"3"，单击"确定"按钮。

步骤Ⅱ：按题目要求移动文本和图片。在上述表格的第1列的1、2、3行内容依次输入"交通工具""地铁"和"公交车"，在第1行第2列输入"逃生方法"，选中第4张幻灯片内容区的文本，单击"开始"功能区"剪贴板"组中的"剪切"按钮，将鼠标光标定位到第1张幻灯片表格的第3行第2列，单击"粘贴"按钮。按照此方法将第5张幻灯片内容区的文本移到表格第2行第2列。

步骤Ⅲ：按题目要求设置表格样式。选中表格，在"表格工具"｜"设计"功能区的"表格样式"组中，单击"其他"下三角按钮，在弹出的下拉列表中选择"中度样式4-强调2"。

步骤Ⅳ：按题目要求新建指定版式的幻灯片。在普通视图下，单击第1张幻灯片上方，单击"开始"功能区"幻灯片"组中的"新建幻灯片"下三角按钮，在弹出的"下拉列表中"选择"标题幻灯片"。

步骤Ⅴ：按题目要求设置标题内容及字体。在主标题中输入"公共交通工具逃生指南"，选中主标题，在"开始"功能区的"字体"组中，单击右侧的下三角对话框启动器，弹出"字体"对话框，单击"字体"选项卡，在"中文字体"中选择"黑体"，设置"大小"为"43磅"，单击"字体颜色"按钮，在弹出的下拉列表中选择"其他颜色"，弹出"颜色"对话框，单击"自定义"选项卡，选择"颜色模式"为"RGB"，在"红色"微调框中输入"193"，在"绿色"微调框中输入"0"，在"蓝色"微调框中输入"0"，单击"确定"按钮后返回"字体"对话框，再单击"确定"按钮。

步骤Ⅵ：按题目要求设置副标题内容及字体。在副标题中输入"专家建议"，选中副标题，在"开始"功能区的"字体"组中单击"字体"下三角按钮，在弹出的下拉列表框中选择"楷体"，在"字号"文本框中输入"27磅"。

步骤Ⅶ：按题目要求设置幻灯片版式并添加标题。选中第4张幻灯片，在"开始"功能区的"幻灯片"组中单击"版式"按钮，在弹出的下拉列表中选择"两栏内容"。选中第3张幻灯片的图片，单击"开始"功能区"剪贴板"组中的"剪切"按钮，把鼠标光标定位到第4张幻灯片的内容区，单击"开始"选项卡下"剪贴板"组中的"粘贴"按钮。在第4张幻灯片的标题区中输入"缺乏安全出行基本常识"。

步骤Ⅷ：按题目要求设置图片动画。选中第4张幻灯片的图片，在"动画"功能区的"动画"组中，单击"其他"下三角按钮，在弹出的下拉列表中选择"进入"下的"玩具风车"。

步骤Ⅸ：按题目要求移动幻灯片的位置。在普通视图下，按住鼠标左键，拖曳第4张幻灯片到第2张幻灯片。

步骤Ⅹ：按题目要求删除幻灯片。在普通视图下，按住"Ctrl"键同时选中第4、5、6张幻灯片，单击鼠标右键，在弹出的快捷菜单中执行"删除幻灯片"命令。

步骤Ⅺ：保存演示文稿。

6. 上网题

（1）在"答题"菜单中执行"启动 Internet Explorer"命令，打开 IE 浏览器；

（2）在"地址栏"中输入网址"HTTP：//LOCALHOST：65531/ExamWeb/INDEX.HTM"，并按"Enter"键打开页面，从中单击"天文小知识"页面，再选择"火星"，单击打开此页面；

（3）执行"工具"｜"文件"｜"另存为"命令，弹出"保存网页"对话框，在"文档库"窗格中打开考生文件夹，在"文件名"编辑框中输入"huoxing.txt"，在"保存类型"中选择"文本文件（*.txt）"，单击"保存"按钮完成操作。

参 考 文 献

［1］ 张捷，郭志宇，刘君．计算机应用基础上机指导［M］．南京：东南大学出版社，2016．
［2］ 许道云，张波，邓瑞新．大学计算机基础上机指导与习题［M］．北京：清华大学出版社，2012．
［3］ 王勇刚．大学计算机基础上机指导［M］．北京：高等教育出版社，2011．
［4］ 周艳萍．大学计算机基础上机指导［M］．北京：高等教育出版社，2011．
［5］ 冯相忠．计算机基础题解与上机指导［M］．4版．北京：清华大学出版社，2017．
［6］ 赵平．大学计算机基础题解与上机指导［M］．北京：中国农业出版社，2017．
［7］ 齐运锋，耿焕同．计算机文化基础学习指导［M］．北京：科学出版社，2016．